纺织服装类"十四五

服装工业制板与推板技术

Fuzhuang Gongye Zhiban yu Tuiban Jishu

刘鹏林　主　编
王永进　副主编

东华大学出版社

·上海·

图书在版编目（CIP）数据

服装工业制板与推板技术 / 刘鹏林主编；王永进副
主编 . -- 上海：东华大学出版社，2025. 5. -- ISBN
978-7-5669-2540-4

I.TS941.631

中国国家版本馆 CIP 数据核字第 2025W458L0 号

责任编辑：洪正琳
封面设计：Ivy 哈哈
版式设计：南京文脉图文设计制作有限公司

服 装 工 业 制 板 与 推 板 技 术
FUZHUANG GONGYE ZHIBAN YU TUIBAN JISHU

刘鹏林　主编
王永进　副主编

出　　　版：东华大学出版社（上海市延安西路 1882 号，200051）
本 社 网 址：http://dhupress.dhu.edu.cn
本 社 邮 箱：dhupress@dhu.edu.cn
营 销 中 心：021-62193056　62373056　62379558
印　　　刷：上海龙腾印务有限公司
开　　　本：889 mm × 1194 mm　1/16
印　　　张：11
字　　　数：268 千字
版　　　次：2025 年 5 月第 1 版
印　　　次：2025 年 5 月第 1 次印刷
书　　　号：ISBN 978-7-5669-2540-4
定　　　价：49.00 元

目录
CONTENTS

第一章

服装工业制板

第一节　服装工业制板概述

19世纪初期，随着欧洲近代工业的兴起出现了成衣工业化批量生产。工业化生产的形成包含三方面因素：一是由于社会经济的发展，人们物质生活水平提高，对服装款式与品类的需求也有所增加，专门从事服装设计和成衣加工的行业开始出现；二是由于近代工业的兴起带动缝纫设备的更新与完善，服装制作由单纯的手工操作过渡到机械操作；三是纺织机械的发展促进了旧工艺的改进和新工艺的产生，服装面料、辅料品种日益增加，为服装工业化生产提供了物质保证。由此，服装生产方式由手工个体形式过渡到工业化生产方式，逐步实现了服装的系列化、标准化和商品化，现在服装工业化生产已经形成规模化的密集型生产体系。

随着服装工业的发展，企业急需更多高素质的服装人才，这些人才不仅应具备扎实的基础理论知识，而且还应有一定的分析和解决问题的能力。特别是现代高科技电子技术快速发展，服装工业必然会摆脱旧有的生产方式，与现代化工艺和设备接轨。制板是表达服装设计师设计意图的桥梁和媒介，是从设计思维、想象到造型的重要技术条件。工业制板是现代工业化服装的专用术语，是完成服装设计与批量生产的重要环节之一，是实现现代服装生产方式的先决条件。服装企业从事样板相关工作的有结构设计师、制板师、推板师以及技术管理人员，一些大型企业里有板型研究院、博士后流动站，学术方面也有专门对工业制板相关的研究。理论的研究与实践技术的革新不断推动着服装样板的完善与进步。

一、工业制板概念

服装工业制板是为服装工业化生产提供符合款式要求、面料要求、规格尺寸和工艺要求的可用于裁剪、缝制与整理的全套工业样板。

（一）款式要求

款式要求指款式对制板的制约，样板制作应符合款式的效果。

（二）面料要求

面料要求指的是对面料性能的要求，比如面料的缩水率、热缩率、倒顺毛、对条对格等都会对样板的尺寸有一定影响，需要提前考虑面料的性能。

（三）规格尺寸要求

规格尺寸要求是指提前制定的服装各部位尺寸，这是制板、检验核板的依据。

（四）工艺要求

不同的工艺缝制方法对样板的要求不同，需要在制板的过程中考虑周全。

二、作用与意义

服装工业制板是建立在严谨的制图方法和科学的运算基础之上的，在样板制作过程中以人体及服装的立体造型为依据，经过反复修正、比较、试样，最终确定标准的工业样板。以样板为基础的裁片误差小、保形性高，由此制成的服装板型及服装造型比较严谨，而且在服装工业化生产中，服装样板几乎贯穿于每一个环节，从排料、裁剪、修正、缝制、定型、对位到后整理，始终起着规范和限定作用，因此能够保证成衣加工企业有计划、有步骤、保质保量地进行生产。同时工业样板也是生产、质检等部门进行生产管理、质量控制的重要技术依据。

三、服装工业制板与单裁单做的区别（图1-1）

图1-1　服装工业制板与单裁单做的区别

（一）研究对象不同

从研究对象来说，单裁单做针对个体量身定制，而工业制板面对的是服装批量生产服务的大众人群。

（二）样板数量不同

从样板数量来说，单裁单做时，可以省略部分样板，比如有经验的裁缝师可以省略定位样板，或者零部件样板，甚至直接在布料上画样裁剪；但是工业生产由于分工明确，打板的环节必须把全套的样板备齐，下一个环节（即裁剪）才能不出纰漏，环环相扣，衔接有序。

（三）样板质量不同

从样板的质量来说，单裁单做时，样板的质量针对个体，可以根据身形进行调整，比如挺胸体、驼背体，都能做出合体的衣服；而工业制板时，样板的质量统一化，只能覆盖部分群体，很难达到每个人穿着都舒适合体。因此从个体穿着的角度来看，量体定制的质量较高。

四、服装工业制板流程

服装工业制板或工业打板指先进行服装款型的结构分析，确定成衣系列规格，依据规格尺寸绘制基本的中间标准样板，即打制母板，然后以母板为基础按比例放缩推导出其他规格的样板，得到系列规格样板图形的过程。按照成衣工业生产的方式，服装工业制板的流程可以分为三种情况：第一种是客户提供样品和订单；第二种是客户只提供订单和款式图，不提供样品；第三种是企业自己设计和生产。

（一）既有样品又有订单

既有样品又有订单是大多数服装生产企业，尤其是外贸加工企业经常遇到的情况，由于它比较规范，因此供销部门、技术部门、生产部门以及质量检验部门都乐于接受。对此，绘制工业样板的技术部门必须按照以下流程去实施（图1-2）：

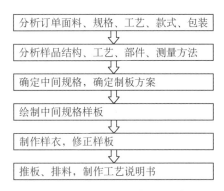

图1-2　客供样品和订单工业制板流程

（1）分析订单。面料分析：缩水率、热缩率、倒顺毛、对格对条等。规格尺寸分析：具体测量的部位和方法，小部件的尺寸确定等。工艺分析：裁剪工艺、缝制工艺、整烫工艺、锁眼钉扣工艺等。款式图分析：在订单上有生产该服装的结构图，通过分析大致了解服装的构成。包装装箱分析：单色单码（一箱中的服装不仅是同一种颜色而且是同一种规格）、单色混码（同一颜色不同规格装箱）、混色混码（不同颜色不同规格装箱），平面包装、立体包装等。

（2）分析样品。从样品中了解服装的结构、制作工艺、分割线的位置、小部件的组合及测量尺寸的大小和方法等。

（3）确定中间标准规格。针对中间规格进行各部位尺寸分析，了解它们之间的相互关系，有的尺寸还要细分，从中发现规律。

（4）确定制板方案。根据款式的特点和订单要求，确定是用比例法还是用原型法，或用其他的制板方法等。

（5）绘制中间规格的样板。中间规格的样板有时又称为封样样板，客户或设计人员要对按照这份样板缝制的服装进行检验并提出修改意见，确保在投产前产品合格。

（6）封样品的裁剪、缝制和后整理。封样品的裁剪、缝制和后整理过程要严格按照样板的大小、样板的说明和工艺要求进行操作。

（7）依据封样意见共同分析和会诊。依据封样意见共同分析和会诊，从中找出产生问题的原因，进而修改中间规格的样板，最后确定投产用的中间规格样板。

（8）推板。根据中间规格样板推导出其他规格的服装工业用样板。

（9）检查全套样板是否齐全。在裁剪车间，一个品种的批量裁剪铺料少则几十层、多则上百层，而且面料可能还存在色差。如果缺少某些裁片样板就开裁面料，会造成裁剪结束后，再找同样颜色的面料来补裁就比较困难（因为同色而不同匹的面料往往有色差），既浪费人力、物力，效果也不好。

（10）制定工艺说明书和绘制一定比例的排料图。服装工艺说明书是缝制应遵循和注意的必备资料，是保证生产顺利进行的必要条件，也是质量检验的标准；而排料图是裁剪车间画样、排料的技术依据，它可以控制面料的消耗量，对节约面料、降低成本起着积极的指导作用。

以上 10 个步骤概括了服装工业制板的全过程，这仅是广义上服装工业制板的含义，只有不断地实践，丰富知识，积累经验，才能真正掌握其内涵。

（二）只有订单和款式图但没有样品

这种情况增加了服装工业制板的难度，一般常见于比较简单的典型款式，如衬衫、裙子、裤子等。要绘制出合格的样板，制板者不仅需要积累大量的类似服装的款式和结构知识，而且应有丰富的制板经验。其主要流程如下（图 1-3）：

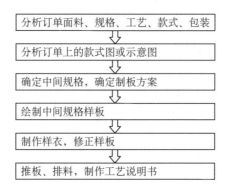

图 1-3　客供款式图和订单工业制板流程

（1）要详细分析订单。详细分析订单包括分析订单上的简单工艺说明、面料的使用及特性、各部位的测量方法及尺寸大小、尺寸之间的相互关系等。

（2）详细分析订单上的款式图或示意图。从示意图上了解服装款式的大致结构，结合以前遇到的类似款式进行比较，对于一些不合理的结构，按照常规在绘制样板时进行适当的调整和修改。

其余各步骤基本与第一种情况自步骤 3 以下（含步骤 3）一致。只是对步骤 7 要做更深入的了解，不明之处，多向客户咨询，不断修改，最终与客户达成共识。总之，绝对不能在有疑问的情况下就匆忙投产。

（三）企业自己设计与生产

企业自己设计与生产多见于自有工厂的品牌企业，基本流程如下（图 1-4）：

（1）根据产品企划主题进行款式设计，确定款式特点，选择所需的面辅料，并且对面辅料进行相应的测试。根据款式特点和生产要求确定基准样板的尺寸。

（2）确定制板方案，绘制基准样板。

（3）制作样衣。

（4）分析样衣，核算各项经济成本。

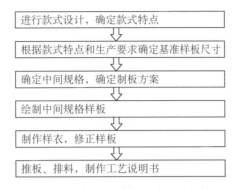

图 1-4　企业自己设计与生产工业制板流程

（5）修改与确定基准样板和样品（封样确认）。

五、服装工业制板工具

（一）手工制板（图 1-5）

（1）绘图笔：铅笔 2H（用于画细实线、基准线）、HB 或 2B（用于画粗实线或加深），记号笔（用于书写或作记号）。

（2）绘图尺：直尺（长尺 60 cm、短尺 30 cm）、三角尺、软尺（一面是厘米，另一面是英寸）、曲线板、弯曲尺（可随意弯曲，以测量不同弧形的数据）等。

（3）制板用纸等：白纸 70 g/m²（一般用于服装 CAD 的绘图机）、白纸或牛皮纸 80 g/m²（一般用于制作基准样板，封样用）、120 g/m² 或 1 mm 厚的硬纸板（裁剪样板、修正样板）、白卡纸（工艺样板中的定位样板）、聚酯材料或金属薄片（工艺样板中的定型样板）等。

（4）剪刀：裁剪刀（10″、11″、12″）、剪口剪（样板对位时用）。

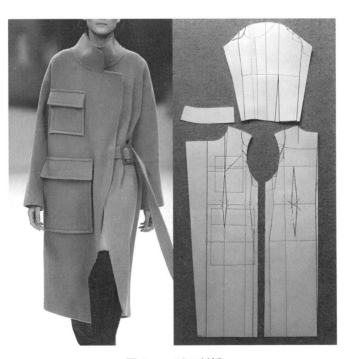

图 1-5　手工制板

（5）辅助工具：描线器、剪刀、锥子、订书机、透明胶带、大头针、冲孔器（小的 3 mm，大的 8 mm）、糨糊、人台等。

（二）计算机制板

计算机制板是直接使用服装 CAD 系统中纸样设计模块界面上提供的各种模拟工具在绘图区制出纸样的方法（图 1-6）。由于是模拟人工制板法，整体流程和步骤与手工制板一致。计算机制板也称人机交互式制板法。

近些年 3D 服装设计软件应用广泛，例如 CLO3D 与 Style3D，用户可以通过这些软件在界面上同步进行服装的设计、打板和虚拟展示等操作，方便直接观看效果。缺点是制板的精度还需要提升。

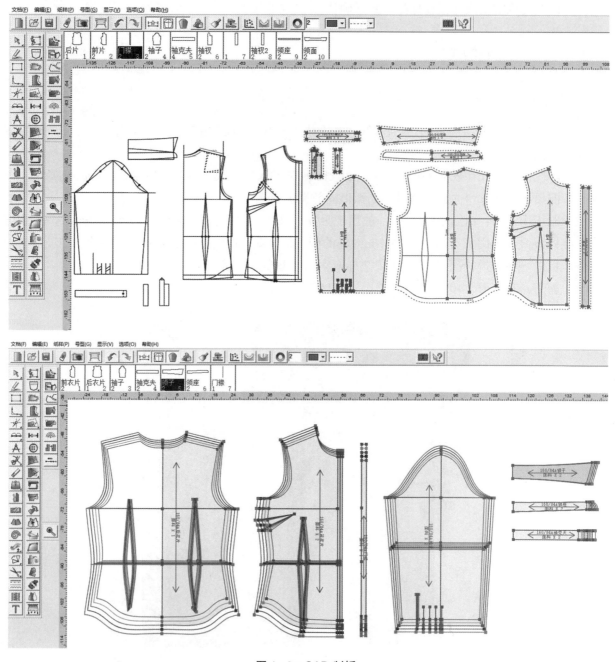

图 1-6　CAD 制板

第二节 服装工业样板的种类和用途

服装工业样板分类如图 1-7 所示。

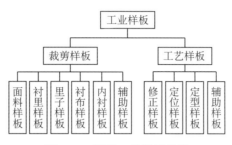

图 1-7 服装工业样板分类

一、裁剪样板

裁剪样板主要是在成衣生产中确保批量生产的同一规格的裁片大小一致，使得该规格所有的服装在整理结束后各部位的尺寸与规格表上的尺寸相同（允许符合标准的公差），相互之间的款型一样。裁剪样板主要包括面料样板、衬里样板、里子样板、衬布样板、内衬样板、辅助样板等。

（1）面料样板。指服装结构图中的主件部分。面料样板一般是毛样板，大部分含有缝份、折边，每个样板都有规定的文字标注，如产品货号、尺码、结构名称、片数、丝缕方向、对位剪口等。

（2）衬里样板。根据不同款式所需的衬料和衬料的具体部位确定是使用毛样板还是净样板（例如胸衬、袖口衬、领衬等）。衬里样板与面料样板一样大，主要用于遮住有网眼的面料，以防透过薄面料看见里面的省道和缝份等。通常面料与衬里一起缝合。

（3）里子样板。缝份一般比面料缝份大 0.5～1.5 cm，在贴边处相对于面料样板需减少一定的量，少数部位边缘不放缝份。另外面料一般是分割的衣片，里子尽量做到不分割。每个里子样板也都有规定内容的标注（包括产品货号、尺码、结构名称、片数、丝缕方向、对位剪口等）。

（4）衬布样板。衬布有有纺或无纺、可缝或可粘之分。根据不同的面料、不同的使用部位、不同的作用效果，可有选择地进行覆衬。一般男西装覆衬是最复杂的。衬布样板有时使用毛板，有时使用净板。

（5）内衬样板。内衬主要介于大身和里子之间，起到保暖的作用。毛织物、絮料、起绒布、法兰绒等常用作内衬，通常绗缝在里子上，所以内衬样板比里子样板稍大些。

（6）辅助样板。主要起到辅助裁剪的作用，比如橡筋样板。辅助样板多为毛样板。

二、工艺样板

工艺样板是成衣工艺在裁剪、缝样、后整理中需要使用的辅助性样板的总称。可以使服装加工顺利进行，保证产品规格一致，提高产品质量。工艺样板主要包括定型样板、定位样板、修正样板、辅助样板。

（1）定型样板。用在缝制过程中，保持某些部位的款式形状不变，起定型作用，如袋盖、领、驳头、口袋形状及小祥部件定型样板等（图 1-8）。

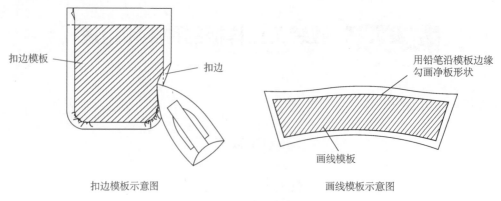

图1-8 定型样板

（2）定位样板。主要用于缝制中或成型后，确定某部位部件的位置，如门襟眼位、扣位、省道定位、口袋位置定位样板等（图1-9）。

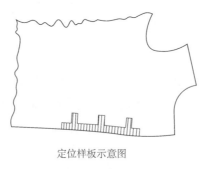

定位样板示意图

图1-9 定位样板

（3）修正样板。主要用于校正裁片。在面料烫缩后，确定大小、丝缕方向，对条格，校准大小和规正时使用。如西服经过高温加压粘衬后，会发生热缩等变形现象，这就需要用修正样板进行修正。

（4）辅助样板。只在缝制和整烫过程中起辅助作用。如在轻薄的面料上缝制暗裥后，为防止熨烫正面产生褶皱，在裥的下面衬上窄条，这个窄条就是起到辅助作用的样板；裤口在翻折熨烫时也会用到辅助样板。

第三节 服装工业制板符号与技术标准

一、服装工业制板符号

服装工业样板常用符号见表1-1。

表1-1 服装工业制板常用符号

序号	名称	符号	说明
1	细实线	———————	表示制图的基础线，为粗实线宽度的1/2

（续表）

序号	名称	符号	说明
2	粗实线		表示制图的轮廓线，宽度为 0.05～0.1 cm
3	等分线		等距离的弧线，虚线的宽度和实线相同
4	点画线		表示衣片相连接、不可裁开的线条，线条的宽度与细实线相同
5	双点画线		用于裁片的折边部位，线条的宽度与细实线相同
6	虚线		表示背面轮廓线和绉缝线的线条，线条的宽度与细实线相同
7	距离线		表示裁片某一部位两点之间的距离，箭头指示到部位的轮廓线
8	省道线		表示省道的位置与形状，一般用粗实线表示
9	褶位线		表示衣片需要采用收褶工艺，用缩缝符号或褶位线符号表示
10	裥位线		表示衣片需要折叠的部分，斜线方向表示褶裥的折叠方向
11	塔克线		图中细线表示塔克梗起的部分，虚线表示绉明线的部分
12	净样线	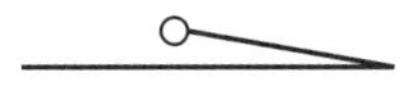	表示裁片属于净尺寸，不包括缝份在内
13	毛样线		表示裁片的尺寸包括缝份在内
14	经向线		表示服装面料经向的线，符号的设置应与面料的经向平行
15	顺向符号		表示服装面料的表面毛绒的顺向，箭头的方向应与毛绒顺向相同
16	正面符号		用于指示服装面料的正面
17	反面符号		用于指示服装面料的反面
18	对条符号	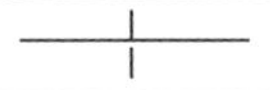	表示相关裁片之间条纹一致，符号的纵横线对应丝缕线
19	对花符号		表示相关裁片之间应当对齐花纹
20	对格符号		表示相关裁片之间应该对格，符号的纵横线对应丝缕线
21	剖面线		表示部位结构的剖面
22	拼接符号	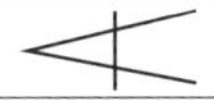	表示相邻的衣片之间需要拼接
23	省略符号	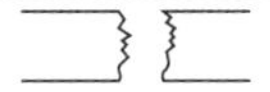	用于长度较大而结构图中又无法全部画出的部件
24	否定符号		表示将制板中错误的线条作废
25	缩缝符号		表示裁片某一部位需要用缝线抽缩
26	拔开		表示裁片的某一部位需要熨烫拉伸
27	等长符号		表示相邻裁片的尺寸大小相同
28	重叠符号		表示相关衣片交叉重叠的部位
29	罗纹符号	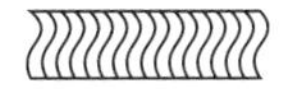	表示服装的下摆、袖口等需要装罗纹的部位
30	明线符号	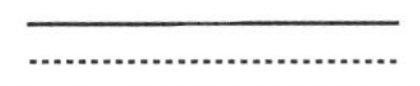	实线表示衣片的外轮廓，虚线表示明线的线迹
31	扣眼位		表示服装扣眼位置及大小
32	纽扣位		表示服装纽扣的位置，交叉线的交点是缝线位置
33	刀口位	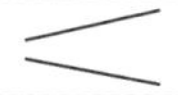	在相关衣片需要对位的地方所做的标记
34	归拢		指借助一定的温度和工艺手段将余量归拢

（续表）

序号	名称	符号	说明
35	对位		表示样板上的两个部位缝制时需要对位
36	钉扣		表示钉扣位置
37	缝合止点		除表示缝合止点外还表示缝合开始的位置及附加物安装的位置

二、服装工业制板技术标准

（一）绘制净板

根据款式特点与规格尺寸绘制结构图并拆分成样板。

（二）净板加放

在成衣生产中，要根据面料的性能、加工工艺对净样板加放缝份。缝份就是通常所说的做缝或缝头。常见的几种加放方式有缝头、折边和放余量。

1. 缝头

常见有分开缝、来去缝、包缝、压辑缝等缝型，缝头一般宽为 0.7～1.5 cm。例如分开缝，多用于上衣或大衣的摆缝、肩缝、袖缝，裤子的侧缝、下裆缝、后缝，裙子的侧缝、竖拼缝等部位（图 1-10）。

图 1-10　分开缝示意图

缝头加放方法如下：

（1）根据缝头的大小，即遵循平行加放原则。

（2）肩线、侧缝、前后中线等近似直线的轮廓线缝头加放 1～1.2 cm。

（3）领圈、袖窿等曲度较大的轮廓线缝头加放 0.8～1 cm。

（4）折边部位缝头的加放量根据款式不同，变化较大（图 1-11）。

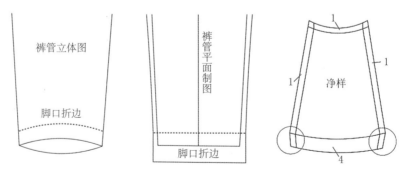

图 1-11　折边示意图

（5）注意各样板的拼接处应保证缝头宽窄、长度相当，角度吻合（图 1-12）。

（6）对于不同质地的服装材料，缝头的加放量要进行相应地调整。

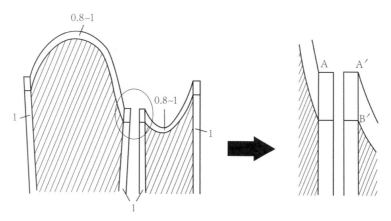

图 1-12　袖窿拼接处缝头加放示意图

（7）对于配里的服装，里布的放缝方法与面布的放缝方法基本相同，在围度方向上里布的放缝要大于面布，一般大 0.2～0.3 cm，长度方向上在净样的基础上放缝 1 cm 即可。

常见缝型净样板的加放量如表 1-2 所示，表中的缝型是指一定数量的衣片和线迹在缝制过程中的配置形式。

表 1-2　常见缝型净样板的加放

缝型名称	缝型构成示意图	说明	参考加放量
合缝		单线切边，分缝熨烫 三线包缝 四线包缝 五线包缝	1～1.3 cm
双包边		多见于双针双链缝，理论上，上层的缝份比下层的缝份小一半	1～2 cm
折边（缲边）		多使用锁缝线迹或手针线迹，分毛边和光边	2～5 cm
来去缝		多用于轻薄型或易脱散的面料，线迹类型为锁缝	1～1.2 cm
绲边		分实绲边和虚绲边，常用链缝和锁缝线迹	1～2.5 cm
双针绷缝		多用于针织面料的拼接	0.5～0.8 cm

注：表中的参考加放量根据实际工艺要求可做适当调整。

2. 折边

（1）衣摆：一般男女上衣底摆折边宽为 3～3.5 cm；毛呢类上衣为 4 cm；衬衣类为 2～2.5 cm；一般大衣类为 5 cm，内挂毛皮的皮大衣需加宽至 6～7 cm。

（2）袖口：袖口折边宽度一般与底摆相同。

（3）裤口：平角裤折边宽一般为 4 cm，高档裤可加宽至 5 cm。

（4）裙摆：折边宽一般为 3.5 cm，高档产品、连衣裙类可适当加宽。

（5）开口：用拉链闭合折边宽一般为 1.5 cm，用纽扣闭合则需宽于扣眼宽度。

（6）开衩：开衩折边宽等同于衣摆、裙摆折边宽，西装袖开衩一般为 1.7 cm。

3. 放余量

除所需加放的缝头外，在某些部位还需要多加放一些余量以备放大或加肥时用。比如在裤子的后缝加放余量，额外加放 1～1.5 cm，加上原来的缝头，共放出 2～2.5 cm。

4. 缩水率和脱纱

经缩水实验测试得到的经纬向缩水率，对各主要部件加放相应的备缩量，如面料经向缩水率 6%，衣长为 70 cm，则需将衣身加放 4.2 cm；凡易脱纱的面料，也应对缝头适当加宽。

（1）缩水率

① 定义：织物在洗涤或浸水后长度收缩的百分数。

② 测试方法：

$$S = \frac{L_1 - L_2}{L_1} \times 100\%$$

S——经向或纬向尺寸变化率，%；

L_1——浸水前经向或纬向的平均长度，mm；

L_2——浸水后经向或纬向的平均长度，mm。

③ 样板长度的计算方法：

设成品长度 $= L$，经向缩水率 $= S\%$，则样板长度 $= L \times (1 - S\%)$。

（2）热缩率

① 定义：不同衣料在受热时会发生的长度收缩的百分数。

② 测试方法：

$$R = \frac{L_1 - L_2}{L_1} \times 100\%$$

R——经向或纬向尺寸变化率，%；

L_1——受热前经向或纬向的平均长度，mm；

L_2——受热后经向或纬向的平均长度，mm。

③ 样板长度的计算方法：

设成品长度 $= L$，经向热缩率 $= R\%$，则样板长度 $= L \times (1 - R\%)$。

影响服装成品规格的还有其他因素，如缝缩率，这与织物的质地、缝纫线的性质、缝制时上下线的张力、压脚的压力以及人为因素有关，在可能的情况下，在样板中可做适当处理。

常见织物的缩水率如表 1-3 所示（仅供参考）。

表 1-3　常见织物的缩水率

面料	品种		缩水率（%）	
			经向（长度方向）	纬向（门幅方向）
印染棉布	丝光布	平布、斜纹、哔叽、贡呢	3.5～4	3～3.5
		府绸	4.5	2
		纱（线）卡其、纱（线）华达呢	5～5.5	2
	本光布	平布、纱卡其、纱斜纹、纱华达呢	6～6.5	2～2.5
	防缩整理的各类印染布		1～2	1～2
色织棉布	线呢		8	8
	条格府绸		5	2

（续表）

面料		品种	缩水率（%）	
			经向（长度方向）	纬向（门幅方向）
色织棉布		被单布	9	5
		劳动布（预缩）	5	5
呢绒	精纺呢绒	纯毛或含毛量在 70% 以上	3.5	3
		一般织物	4	3.5
	粗纺呢绒	呢面或紧密的斜纹织物	3.5～4	3.5～4
		绒面织物	4.5～5	4.5～5
		组织结构比较稀疏的织物	5 以上	5 以上
丝绸		桑蚕丝织物（真丝）	5	2
		桑蚕丝织物与其他纤维交织物	5	3
		绉线织物和绞纱织物	10	3
化纤织物		黏胶纤维织物	10	8
		涤棉混纺织物	1～1.5	1
		精纺化纤织物	2～4.5	1.5～4
		化纤丝绸混纺织物	2～8	2～3

（三）定位标记

样板上的定位标记主要有剪口（刀口）和钻孔（打孔）两种，起到标明宽窄大小、位置的作用。

1. 剪口

剪口指在样板边缘剪开的小口。剪口位置应准确，样板上的剪口不可以打得太深，一般在裁片的边缘处打缝份宽的一半，需要打剪口的位置主要有以下几处（图 1-13）：

（1）缝份和折边的宽窄。

（2）收省的位置和大小。

（3）开衩或缝内插袋的大小和位置。

（4）零部件的装配位置。

（5）贴袋、袖口、下摆等上端与下端对折边的位置。

（6）组合装配时，相互的对称点与对应点。

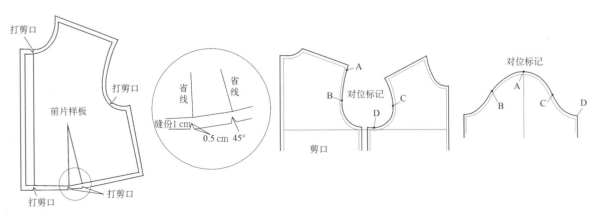

图 1-13　剪口标记示意图

（7）裁片对条对格位置。

（8）褶裥、缉裥、抽褶、缉线的位置（即起止点）。

2. 钻孔

钻孔又称"打孔"，位于衣片内部的标记，用来标出省尖、袋位等无法打剪口的部位，用冲孔工具钻孔。孔径一般在 0.2～0.3 cm，打孔的位置一般比标准位置缩进 0.3 cm 左右，避免缝合后露出锥眼影响服装质量。需要钻孔的情况一般有以下两种。

（1）确定收省部位及其省量。分别在省尖、省中部钻孔，定出位置。

（2）确定袋位及其大小。

所有定位标记对裁剪和缝制都起一定的指导作用，因此必须按照规定的尺寸和位置打准（图 1-14）。

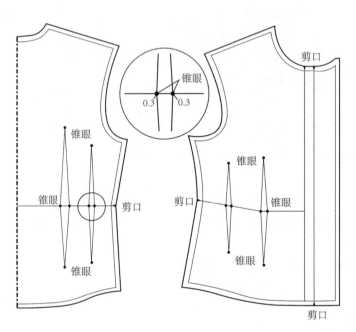

图 1-14　钻孔标记示意图

3. 定位标记范围

（1）缝份：标记缝份的宽窄。

（2）贴边：标记贴边的宽度。

（3）收省、褶裥、抽褶：标记长度、宽度及形状定位。

（4）袋位：对口袋位置与大小标记。

（5）开口、开衩：主要对开口、开衩长度始点标位。

（6）裁片组合部位：为了缝制准确要标对位刀口。

（7）部件装配位置：零部件与衣片、裤片、裙片缉位装配的位置。

（8）裁片对条对格位置：利于裁片的准确对接。

（9）其他标位：如西服驳头终点与第一粒扣位平齐；大衣暗祥式门襟的暗祥止点等也应做好定位标记。

（四）丝缕方向

丝缕方向指服装裁片在面料上的摆放方向。在面料上丝缕方向分为三种：直丝、横丝和斜丝。具体到丝缕的画法有四种。丝缕方向的选择对服装的影响是很大的，一般情况下服装的裁片多采用直丝，极个别的部位（如腰头、袖口、过肩等部位）采用横丝，斜丝的垂感最好，所以斜裙、荡领多采用斜丝。

工业样板的丝缕方向标注是从头标到尾，这样便于裁片的排料，工业样板上的丝缕方向分两种。

1. 双向丝缕

裁片在面料上可以双向摆放，这样比较省料。

2. 单向丝缕

又分顺向丝缕和戗向（逆向）丝缕。裁片在面料上只可以单向摆放，这样虽费料，但是针对一些特殊面料（如灯芯绒、有花型倒顺的面料等），这样排料较为美观。

（五）样板的文字标注

样板上除了定位标记外，还必须有必要的文字标记，其内容包括以下几个方面：

（1）产品的型号编号及名称。

（2）服装号型规格及产品的规格，如衣、裤，代号为 S、M、L 或 155/80A、160/84A 等。

（3）样板种类编号（面料、里料、衬料、辅料、工艺等）、鸳鸯样板的左右片、正反面表示，如：面、里、衬等。

（4）样板所对应的具体衣片位置，如：前、后、领、袖等。

（5）样板的丝缕方向、倒顺毛记号、片名、片数，如：经向、纬向等。

（6）应标明需要利用衣料光边或折边的部位。

（7）字形的选用：中文字体应用正楷或仿宋体，常用外文字母或阿拉伯数字的标志应尽量用图章拼盖。

要求：文字标注应端正、整洁，勿潦草、涂改，标志符号要准确无误。

（六）样板的检验与复核

样板完成以后需要专人检查与复核，目的是防止出现差错，以免造成经济损失。其中复核的内容和要求包括：

（1）样板的款式、型号、规格等和来样图稿、样衣及工艺单是否相符。

（2）样板的缩率、缝份及贴边是否符合工艺要求。

（3）组合部位结构线条是否吻合。

（4）各部位定位标记、文字是否准确无遗漏。

（5）各弧线部位是否圆顺、刀口是否顺直。

（6）片数是否齐全，特别是零部件不可遗漏。

第四节　服装工业制板技术文件

服装技术文件是由服装企业技术部门指定，用于指导生产的技术性核心内容材料，直接影响着企业的整体运作效率和产品的优劣。服装技术文件主要包括：生产通知单、产前封样单、生产工艺单、工序流程设置、工价表、质量标准等。

一、生产通知单

生产通知单也称生产任务单，是服装企业计划部门根据内／外销订货单所指定的生产任务单，生产部门依据生产任务单安排生产，如表1-4所示。

表1-4　生产通知单

对方要货单编号：		合约：		生产品种：				数量：		
款式：		商标：			吊牌：			洗水标：		
面料			产品规格色号搭配					辅料情况		
面料名称			色号	规格				木纱		
门　幅								线球		
数　量								纽扣		
辅料										
袋　布										
门　幅								包装要求		
数　量										
里　料										
门　幅										
数　量		每件定料								
衬　类		实际定料								
门　幅		合计用料								
数　量		操作要求：								

二、产前封样单

服装产前封样是指在服装生产之前制作出一件实物样品，以供采供双方确认和审查，这一过程在服装生产中非常重要，能够确保制造出来的产品与设计师的意图相符合，并符合购买方的要求，如表1-5所示。

表1-5　产前封样单

合同号：		封样单位：		封样日期：
款号：		款式描述：		
封样尺码：		封样颜色：		封样结果：
样衣类型：				尺寸：接受【　】不接受【　】 做工：接受【　】不接受【　】
尺寸记录：				

（续表）

部位	指示尺寸	样式尺寸	缝制意见：
			锁钉要求：
			绣花／水洗：
			整烫要求：
			包装要求：

三、生产工艺单

生产工艺单一般由企业根据现有的技术装备结合款式的具体要求，由技术部门自己制定，主要包括生产规格、工艺制作要求和说明、相关编号、数量配比、缝制要求、包装说明、面辅料说明等，如表1-6、表1-7所示。

表1-6　生产工艺单（一）

服装生产工艺单						
款号	EK36162	样衣尺码	M	2024 春款	制单日期	
款式图						
成衣尺寸 /cm						
部位	150/58A	155/62A	160/66A	165/70A	170/74A	档差	误差（±）
	XS	S	M	L	XL		
侧长	−2.5	−1.5		1.5	2.5	1.5	0.5
腰围	−6	−4		4	6	4	1
臀围	−6	−4		4	6	4	1
腿围	−3.6	−2.4		2.4	3.6	2.4	1
脚口	−3	−2		2	3	2	1
前浪	−1	−0.5		0.5	1	0.5	0.5

（续表）

服装生产工艺单							
后浪	−1.4	−0.7		0.7	1.4	0.7	0.5
隐拉净长	0	0		0	0	0	0.3
侧袋口长	0	0		0	0	0	0.5
单件重量							

注意事项：1. 产前样：要求先确认产前板、面料、辅料、工艺等； 2. 大货前要封一件产前样到公司确认，确认合格后才可生产大货； 3. 主标、洗水标车订一次成型，不允许第二次改标；商标洗水标无任何记号笔印，字体清晰可见； 4. 面辅料检测需符合国家检测相关标准。	
裁床要求	
1. 针织、弹性面料需提前 24 小时松布；面料无疵点、无色差；	
2. 排料前检查面料缩率大小、门幅大小，有无倒顺、正反面、疵点、边道色差；	
3. 拉布丝缕顺直，松紧适中；	
4. 对照样衣，核对样板正确以后再裁剪，对位刀眼正确，无偏差，裁片无偏刀，刀眼不得深于 0.3 cm；	
5. 样板。面料：　片，里料：　片，布衬：　片，实样：　片。	
用衬部位：	

三标订法： 主标：单层订于后腰里，居中车暗线，尺码放左侧。 洗水标：左侧缝腰口往下 8 cm 处。 主标-小标-下装尺码：数字型号朝外。	主标图：	洗水标图：	吊牌图：挂商标和尺码标

辅料配饰、钉扣、手工（图）：

设计师		板师	
设计部		电话	

表 1-7　服装生产工艺单（二）

服装生产工艺单				
款号		样衣尺码	2023 冬款	制单日期
针号：11#。细线拼缝针距：3 cm/13 针。粗线针距：3 cm/10～11 针。三线、四线拷边针距：3 cm/18～19 针。用线：40S/2 配色细线；20S/2 撞色粗线。				
缝位：1 cm 缝位拼合（具体详见样板）、三线拷边、0.7～0.8 cm 四线拷边，拷边线包实，不可空边，线迹美观，压脚压力调试好，不可磨破。				
缝制工艺	腰	1. 腰面腰里按样板烫衬并修样包烫，腰里上口烫 1 cm 牵条衬，面里拼合平服，修缝至 0.5 cm； 2. 腰里缝边折光边，止口宽窄均匀；3. 对准刀眼，与大身腰口拼合圆顺平服，外用撞色粗线压双线一圈，均匀、平服、顺直。		
	挂耳	腰里两侧夹车配色挂耳，对折外露，净长 9 cm。		

（续表）

服装生产工艺单			
缝制工艺	前片	1. 按板位收省平服倒向前中烫平；2. 左右斜插袋按板位缝制，均匀，两侧口袋大小、高低一致；3. 袋布拼合平服，包光缝边 0.6 cm，止口宽窄均匀。	
	后片	1. 按板位收省平服倒向后中烫平；2. 右后袋按板位垫袋布开袋，袋口方正，袋唇平服，宽窄均匀，左右高低一致；3. 袋布拼合平服，包光缝边 0.6 cm，止口宽窄均匀，袋口四周与袋布车牢，平服，宽窄均匀。	
	拼缝	1. 侧缝、裆缝、内裆缝分别对准刀眼 1 cm 拼合平服，合缝拷边倒向后烫平整；2. 前后裆缝需车双线，重合在一起，平服圆顺；3. 脚口折 1 cm，再卷边 2.5 cm，车线圆顺平服，左右大小一致，内不可有毛须外露；成品裤腿不歪斜不扭，左右一致。	
	里布	里布缝边 1 cm 合缝拷边，侧缝向后倒，下摆卷边 0.8 cm 顺直。	
	隐形拉链	左侧隐形拉链平服，吃势均匀，上端齐平，下端要做手工绕线，四股线绕三圈，拉链平服，腰节缝对齐，外看不露齿。	
外发工艺	无		
后道工序	1. 锁眼钉扣：线的性能与面料相适应，线的颜色与面料颜色相称，距离按照工艺规定确定。		
	2. 手工：完成时不可跳针、毛口，线头要清理干净。		
	3. 整烫：成品各部位整烫平服自然、无起皱印痕、无污渍、无激光印等现象。		
	4. 检验：按工艺要求控制各部位尺寸，线头清理干净，保持成衣整洁。		
	5. 包装：检验合格后进行包装，折叠平服后单件入袋，放入干燥剂，挂牌置于正面。		
	6. 包装规格：选择合适大小的纸箱，包装后装箱时不能有错款、错码现象。		
验收标准	1. 面料：无线头、无污渍、无油渍、无破洞、无色差、无粉迹、无极光； 2. 线迹：针距达标，宽窄一致，线迹顺直平服，全件无浮线、跳针、脱线、滑线等现象；各部位线头清理干净； 3. 尺寸和工艺达标。		
样衣仅供工艺参考　不详之处请联系技术部			
设计师		工艺师	
设计部		电　话	

四、工序流程设置

工序流程设置图又称工艺流程图，是以特定符号表示服装加工各部件、部位的生产流程顺序，女外套工艺流程图如图 1-15 所示。

五、工价表

服装工价表（表 1-8）指不同服装类型的制作工序及其对应的工价。

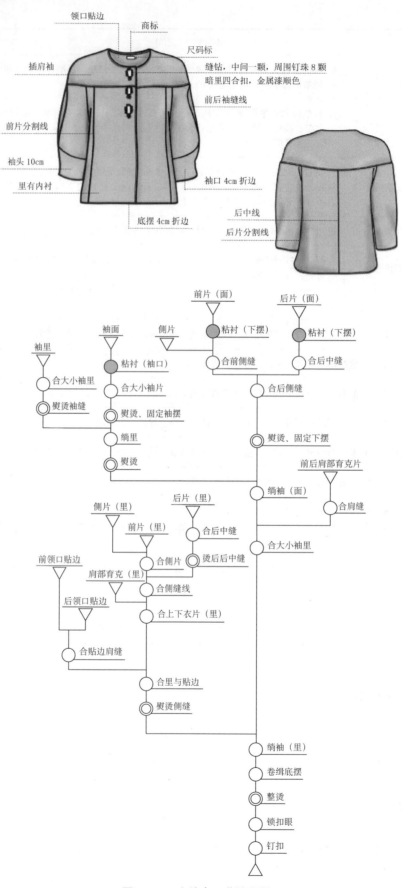

图 1-15　女外套工艺流程图

表1-8　服装工价表

部件编号	部件名称	部件描述	部件图	部件工序明细	工序工时/min	部件工时/min	分钟单价/元	工艺等级	标准单价/元
1	Z2片针织有里帽，帽口合面面里压线，可脱卸	四线合面、里帽中缝，帽口合面里连帽口一周（留翻帽口），封闭翻口位，可脱卸×1	可脱卸帽	四线合帽中缝（弯50 cm）1条×1	0.47	5.87	0.36	B	2.11
				四线合里帽口帽中缝同时落落条（弯50 cm）1条×1	0.49				
				运反帽口连帽脚一周面面里（直75 cm＋50 cm）×1，连固定带条×1	1.8				
				手工翻帽子	0.40				
				烫定帽口一周运反位×1	0.6				
				封翻口位一段×1	0.5				
				裁剪帽子（部件用）	0.6				
2	Z2片有里帽，帽口合面里压线	四线合面、里帽中缝，帽口合面锁帽（平车锁帽帽两头一段）×1（不含领围绳边或压线）	有里	车台定位单针间帽口宽明线（直75 cm）×1	1.01	5.38	0.36	B	1.94
				四线合帽中缝（弯50 cm）1条×1	0.47				
				四线合里帽中缝同时落带条（弯50 cm）1条×1	0.49				
				运反帽口面里（直75 cm）×1	0.79				
				车台定位单针间帽口宽明线（未烫/直75 cm）×1	1.01				
				走花帽胸面里（弧50 cm）×1，连固定带条1条×1	0.64				
				平车锁帽两头一段2边×1	0.57				
				裁剪帽子（部件用）	0.6				
				四线锁帽（对位3个/弯50 cm）×1	0.81				
3	Z3片有里帽，帽口合面面里压线	四线合面、里帽中缝，帽口合面锁帽（平车锁帽帽两头一段）×1（不含领围绳边或压线）	有里	四线合帽中缝（弯50 cm）2条×1	0.8	6.15	0.36	B	2.21
				四线合里帽中缝同时落带条（弯50 cm）1条×1	0.85				
				运反帽口面面里（直75 cm）×1	0.79				
				车台定位单针间帽口宽明线（未烫/直75 cm）×1	1.01				
				走花帽胸面里（弧50 cm）×1，连固定带条1条×1	0.7				
				平车锁帽两头一段2边×1	0.57				
				裁剪锁帽（对位3个/弯50 cm）×1	0.62				
				四线锁帽口明线（直85 cm）1条×1	0.81				
				网底车折间帽口明线（直75 cm）1条×1	0.61				
				平车锁帽两头一段（部件用）	0.57				
				裁剪帽子（部件用）	0.6				
				四线锁帽（对位3个/弯50 cm）×1	0.81				

六、服装质量检验

服装质量检验从广义上说包括服装的面料、色彩、造型、结构、缝制等要素，从狭义上讲主要是指生产过程中产生的质量缺陷。例如：外观检验、尺寸检验、缝制检验、面/辅料检验、工艺检验、绣花/印花检验、洗水检验、整烫检验、包装检验等，如表1-9所示。

表1-9　尺寸检验单

仓库收货检验一次抽样方案								
编号	部位	测量方法	S	M	L	XL	档差/cm	允许误差范围（+/−）/cm
			155/80A	160/84A	165/88A	170/92A		
			尺寸/cm					
A	后中长	—	48	49	50	51	1	±1
B	胸围	夹下1 cm	96	94	104	108	4	±1
C	腰围	直度	87	88	93	96	3	±1
D	摆围	直度	98	99	106	110	4	±1
E	肩宽	直度	37	38	39	40	1	±0.5
F	袖长	—	34	35	36	37	1	±1
G	后领宽	直度	17.5	18	18.5	18.5	0～0.5	±0.2
H	后领深	直度	2.5	2.75	3	3	0～0.25	±0.2
I	前领宽	直度	16.5	17	17.5	17.5	0～0.5	±0.2
J	前领深	直度	8	8.5	9	9	0～0.5	±0.2

修改意见		

整批货量/件	抽检数量/件	AQL1.5		AQL2.5		AQL4	
		接受	不接受	接受	不接受	接受	不接受
91～150	12	0	1	0	1	0	1
151～280	20	0	1	0	1	1	2
281～500	35	0	1	1	2	2	3
501～1 200	60	1	2	2	3	3	4
1 201～3 200	85	2	3	3	4	5	6
3 201～10 000	100	3	4	5	6	7	8
10 001～35 000	130	5	6	7	8	10	11

产品标识、包装、运输和贮存：

按 FZ/T 80002—2016《服装标志、包装、运输和贮存》规定执行。
产品装箱运输应防雨、防潮、防火、防污。
产品应放在阴凉、通风、干燥清洁的库房内，防蛀、防霉。

思考与练习

1. 工业样板的概念与特征是什么？
2. 工业样板与结构图的区别和联系是什么？
3. 何为服装生产系列样板，其内容是什么？
4. 工业样板制作的流程是什么？

第二章

国家服装号型标准与服装规格系列编制

第一节 国家服装号型标准概况

在服装工业生产的样板设计环节中，服装规格的建立是非常重要的，它是制作基础样板时不可缺少的，更重要的是成衣生产需要在基础样板上放缩出不同规格或号型系列的样板。服装工业发达的国家或地区，很早就开始了对本国家或本地区标准人体和服装规格的研究，大多都建立有一套比较科学和规范的工业成衣号型标准，供成衣设计者使用或消费者参考。企业要想获得尺码齐全的规格尺寸，从而满足消费者的需求，就需要参考该国家或该地区所制定的服装规格标准。例如，日本的男、女成衣尺寸规格是参照日本工业规格（JIS）制定的；英国的男、女成衣尺寸是依据英国标准研究所提供的规格而设计的；美国、德国、意大利等也都有较完善的服装规格或参考尺寸。服装规格的优劣，在很大程度上影响着该国服装工业的发展和技术的交流。

我国对服装规格和标准人体的尺寸研究起步较晚，1972 年后开始逐步制定一系列的服装标准，国家统一号型标准是在 1981 年制定的，于 1982 年 1 月 1 日实施，标准代号是 GB 1335—1981。经过几年的使用后，我国根据原纺织工业部、中国服装工业总公司、中国服装研究设计中心、中国科学院系统所、中国标准化与信息分类编码所和上海服装研究所提供的资料，于 1987—1988 年在全国范围内进行了大量人体测量，对获取的数据进行归纳整理，形成了我国较系统的国家标准《中华人民共和国国家标准 服装号型》（Standard Sizing System for Garment）。它由国家技术监督局于 1991 年 7 月 17 日发布，1992 年 4 月 1 日起实施，分男子、女子和儿童三种标准，它们的标准代号分别是 GB 1335.1—1991、GB 1335.2—1991 和 GB/T 1335.3—1991，其中，"GB"是"国家标准"四字中"国标"两字汉语拼音的声母，"T"字母是"推荐使用"中"推"字汉语拼音的声母，男子和女子两种国家标准是强制执行的标准，是服装企业的产品进入内销市场的基本条件，而儿童标准是国家对服装企业非强制使用的标准，只是企业根据自身的情况适时使用，这些发布和实施的服装国家标准基本上与国际标准接轨。到 1997 年我国共制定了 36 个服装相关的标准，其中有 13 个国家标准，12 个行业标准，11 个专业标准（有些企业还制定了要求更高的企业标准）。1997 年 11 月 13 日，相关部门修订并发布了服装号型国家标准，该标准于 1998 年 6 月 1 日起实施，仍旧分男子、女子和儿童三种标准，它们的标准代号分别是 GB/T 1335.1—1997、GB/T 1335.2—1997 和 GB/T 1335.3—1997，修订的男装和女装标准都已改为推荐标准，既然是推荐的标准是否就可以不采用呢？答案是否定的。因为，如果不使用国家标准，就应该使用相应的行业标准或企业标准，而企业标准高于行业标准，行业标准又高于国家标准，故实施起来比较困难。此外，因地域情况的差异部分省市还制定了一些地方标准。截至目前，我国已制定与纺织服装相关的基础标准、产品标准、方法标准、管理标准等 1 200 余项，标准种类繁多，统一性不强。因此，服装企业应遵照国家标准的要求进行生产。2008 年 12 月 31 日，由上海市服装研究所、中国服装协会、中国标准化研究院、中国科学院系统所等主要起草单位带头，再次修订并发布了男子、女子服装号型国家标准，该标准于 2009 年 8 月 1 日起实施，标准代号分别是 GB/T 1335.1—2008 和 GB/T 1335.2—2008；儿童服装号型国家标准则于 2009 年 3 月 19 日修订并发布，于 2010 年 1 月 1 日起实施，代号为 GB/T 1335.3—2009。

一、号型定义

服装号型是服装规格标志，是用于表示人体外形及服装量度的规格参数。它根据正常人体的规律和使用需要，选出最有代表性的部位，经合理归并设置而成。服装号型主要包括"号""型""体型"三部分。

在最新的国家标准中，定义了号（height）和型（girth）。

"号"指人体身高，以厘米为单位表示，是设计和选购服装长短的依据。身高与颈椎点高、坐姿颈椎点高、腰围高、全臂长等密切相关，且存在一定的比例关系。

"型"指人体的上体胸围和下体腰围，以厘米为单位表示，是设计和选购服装肥瘦的依据。胸围、腰围与颈围、臀围、肩宽等围度尺寸紧密联系。在样板推档时，其档差存在一定的比例关系。

"体型"则是以人体的胸围与腰围的差数为依据来划分，常见的体型分类代号有 Y、A、B、C 四种。其中，Y 体型为宽肩细腰，A 体型为一般正常体型，B 体型腹部略突出，C 体型为肥胖体型。

二、体型分类

体型根据人体的胸围和腰围的差值来划分，分为四类。体型分类的代号和范围见表 2-1。

表 2-1　体型分类表　　　　　　　　　　　　　　　　　　　　　　　　　　　　　单位：cm

体型分类代号	Y	A	B	C
男体胸腰围差值	17～22	12～16	7～11	2～6
女体胸腰围差值	19～24	14～18	9～13	4～8

三、号型标志

号型标志是服装号型规格的代号。成品服装必须标明号型标志，号与型之间用斜线分开，后接体型分类代号。

例如：上装 160/84A，其中 160 为身高，代表号，84 为净体胸围，代表型，A 为体型分类；下装 160/68A，其中 160 为身高，代表号，68 为净体腰围，代表型，A 为体型分类。以此类推还有 165/88A、170/92A 等。国家标准规定服装上必须标明号型。套装中的上、下装分别标明号型。

四、号型系列

"号型系列"是指将人体的号和型进行有规则的分档排列与组合。在国标中规定成人的身高以 5 cm

分档，分成8档，男子标准为155 cm、160 cm、165 cm、170 cm、175 cm、180 cm、185 cm、190 cm；女子标准以145 cm、150 cm、155 cm、160 cm、165 cm、170 cm、175 cm、180 cm组成系列；胸围以4 cm分档组成系列；腰围以4 cm、2 cm分档组成系列；身高与胸围搭配组成5·4号型系列；身高与腰围搭配组成5·4、5·2号型系列。

中间体是根据实测的人体数据，通过计算求得的平均值。中间体反映了男子、女子各类体型的身高、胸围、腰围等部位的平均数据，具有一定的代表性。男子中间体设置为170/88Y、170/88A、170/92B、170/96C；女子中间体设置为160/84Y、160/84A、160/88B、160/88C。国家设置的中间体是针对全国范围而言的，各个地区的情况会有差别，在设置时需根据不同情况而定，但必须在国家规定的号型系列范围内。号型系列中的各数值均以中间体为中心，向两边依次递增或递减组成。表2-2是男子5·4、5·2A号型系列、表2-3是女子5·4、5·2A号型系列。

表2-2 男子5·4、5·2A号型系列　　　　单位：cm

胸围	155			160			165			170			175			180			185			190		
72				56	58	60	56	58	60															
76	60	62	64	60	62	64	60	62	64	60	62	64												
80	64	66	68	64	66	68	64	66	68	64	66	68	64	66	68									
84	68	70	72	68	70	72	68	70	72	68	70	72	68	70	72	68	70	72						
88	72	74	76	72	74	76	72	74	76	72	74	76	72	74	76	72	74	76	72	74	76			
92				76	78	80	76	78	80	76	78	80	76	78	80	76	78	80	76	78	80	76	78	80
96							80	82	84	80	82	84	80	82	84	80	82	84	80	82	84	80	82	84
100										84	86	88	84	86	88	84	86	88	84	86	88	84	86	88
104										88	90	92	88	90	92	88	90	92	88	90	92	88	90	92

表2-3 女子5·4、5·2A号型系列　　　　单位：cm

胸围	145			150			155			160			165			170			175			180		
72				54	56	58	54	56	68	54	56	58												
76	58	60	62	58	60	62	58	60	62	58	60	62	58	60	62									
80	62	64	66	62	64	66	62	64	66	62	64	66	62	64	66	62	64	66						
84	66	68	70	66	68	70	66	68	70	66	68	70	66	68	70	66	68	70	66	68	70			
88	70	72	74	70	72	74	70	72	74	70	72	74	70	72	74	70	72	74	70	72	74	70	72	74
92				74	76	78	74	76	78	74	76	78	74	76	78	74	76	78	74	76	78	74	76	78
96							78	80	82	78	80	82	78	80	82	78	80	82	78	80	82	78	80	82
100							82	84	86	82	84	86	82	84	86	82	84	86	82	84	86	82	84	86
104							86	88	90	86	88	90	86	88	90	86	88	90	86	88	90	86	88	90

如表 2-2、表 2-3 所示，两表的体型都是 A，在男子号型系列表中，如果取胸围 88 cm，则其对应的腰围尺寸是 72 cm、74 cm、76 cm，胸围减腰围的差数是 12～16 cm，属于 A 体型；同理，在女子号型系列表中，该胸围尺寸所对应的该体型的胸腰围之差为 14～18 cm，属于 A 体型。在这两个表中，男子身高从 155 cm 到 190 cm，胸围从 72 cm 到 104 cm，各分成 8 档；女子身高从 145 cm 到 180 cm，胸围从 72 cm 到 104 cm，也各分为 8 档；它们的身高相邻两档之差是 5 cm，相邻两档的胸围差数则是 4 cm，两数搭配成为 5·4 系列。在两个表中，同一个身高和同一个胸围对应的腰围有三个数值（空格除外），两者之差为 2 cm，它与身高差数 5 cm 搭配构成 5·2 系列，就是说，一个身高一个胸围对应有三个腰围，也可以这样认为，一件上衣有三条不同腰围的下装与之对应，从而拓宽了号型系列，满足了更多人的穿着需求。

不同体型男人体主要部位的数值（系净体数值）见表 2-4、表 2-5、表 2-6、表 2-7。

表 2-4 男人体 5·4、5·2Y 号型系列控制部位数值　　　　单位：cm

Y

部位	数值							
身高	155	160	165	170	175	180	185	190
颈椎点高	133.0	137.0	141.0	145.0	149.0	153.0	157.0	161.0
坐姿颈椎点高	60.5	62.5	64.5	66.5	68.5	70.5	72.5	74.5
全臂长	51.0	52.5	54.0	55.5	57.0	58.5	60.0	61.5
腰围高	94.0	97.0	100.0	103.0	106.0	109.0	112.0	115.0
胸围	76	80	84	88	92	96	100	104
颈围	33.4	34.4	35.4	36.4	37.4	38.4	39.4	40.4
总肩宽	40.4	41.6	42.8	44.0	45.2	46.4	47.6	48.8
腰围	56　68	60　62	64　66	68　70	72　74	76　78	80　82	84　86
臀围	78.8　80.4	82.0　83.6	85.2　86.8	88.4　90.0	91.6　93.2	94.8　96.4	98.0　99.6	101.2　102.8

表 2-5 男人体 5·4、5·2A 号型系列控制部位数值　　　　单位：cm

A

部位	数值							
身高	155	160	165	170	175	180	185	190
颈椎点高	133.0	137.0	141.0	145.0	149.0	153.0	157.0	161.0
坐姿颈椎点高	60.5	62.5	64.5	66.5	68.5	70.5	72.5	74.5
全臂长	51.0	52.5	54.0	55.5	57.0	58.5	60.0	61.5
腰围高	93.5	96.5	99.5	102.5	105.5	108.5	111.5	114.5

部位	数值								
胸围	72	76	80	84	88	92	96	100	104
颈围	32.8	33.8	34.8	35.8	36.8	37.8	38.8	39.8	40.8
总肩宽	38.8	40.0	41.2	42.4	43.6	44.8	46.0	47.2	48.4
腰围	56　58　60	60　62　64	64　66　68	68　70　72	72　74　76	76　78　80	80　82　84	84　86　88	88　90　92
臀围	75.6　77.2　78.8	78.8　80.4　82.0	82.0　83.6　85.2	85.2　86.8　88.4	88.4　90.0　91.6	91.6　93.2　94.8	94.8　96.4　98.0	98.0　99.6　101.2	101.2　102.8　104.4

表 2-6 男人体 5·4、5·2B 号型系列控制部位数值 单位：cm

B																					
部位	数值																				
身高	155	160	165	170	175	180	185	190													
颈椎点高	133.5	137.5	141.5	145.5	149.5	153.5	157.5	161.5													
坐姿颈椎点高	61.0	63.0	65.0	67.0	69.0	71.0	73.0	75.0													
全臂长	51.0	52.5	54.0	55.5	57.0	58.5	60.0	61.5													
腰围高	93.0	96.0	99.0	102.0	105.0	108.0	111.0	114.0													
胸围	72	76	80	84	88	92	96	100	104	108	112										
颈围	33.2	34.2	35.2	36.2	37.2	38.2	39.2	40.2	41.2	42.2	43.2										
总肩宽	38.4	39.6	40.8	42.0	43.2	44.4	45.6	46.8	48.0	49.2	50.4										
腰围	62	64	66	68	70	72	74	76	78	80	82	84	86	88	90	92	94	96	98	100	102	104
臀围	79.6	81.0	82.4	83.8	85.2	86.6	88.0	89.4	90.8	92.2	93.6	95.0	96.4	97.8	99.2	100.6	102.0	103.4	104.8	106.2	107.6	109.0

表 2-7 男人体 5·4、5·2C 号型系列控制部位数值 单位：cm

C																					
部位	数值																				
身高	155	160	165	170	175	180	185	190													
颈椎点高	134.0	138.0	142.0	146.0	150.0	154.0	158.0	162.0													
坐姿颈椎点高	61.5	63.5	65.5	67.5	69.5	71.5	73.5	75.5													
全臂长	51.0	52.5	54.0	55.5	57.0	58.5	60.0	61.5													
腰围高	93.0	96.0	99.0	102.0	105.0	108.0	111.0	114.0													
胸围	76	80	84	88	92	96	100	104	108	112	116										
颈围	34.6	35.6	36.6	37.6	38.6	39.6	40.6	41.6	42.6	43.6	44.6										
总肩宽	39.2	40.4	41.6	42.8	44.0	45.2	46.4	47.6	48.8	50.0	51.2										
腰围	70	72	74	76	78	80	82	84	86	88	90	92	94	96	98	100	102	104	106	108	110	112
臀围	81.6	83.0	84.4	85.8	87.2	88.6	90.0	91.4	92.8	94.2	95.6	97.0	98.4	99.8	101.2	102.6	104.0	105.4	106.8	108.2	109.6	111.0

不同体型女人体主要部位的数值（系净体数值）见表 2-8、表 2-9、表 2-10、表 2-11。

表2-8 女人体5·4、5·2Y号型系列控制部位数值   单位：cm

Y																
部位	数值															
身高	145		150		155		160		165		170		175		180	
颈椎点高	124.0		128.0		132.0		136.0		140.0		144.0		148.0		152.0	
坐姿颈椎点高	56.5		58.5		60.5		62.5		64.5		66.5		68.5		70.5	
全臂长	46.0		47.5		49.0		50.5		52.0		53.5		55.0		56.5	
腰围高	89.0		92.0		95.0		98.0		101.0		104.0		107.0		110.0	
胸围	72		76		80		84		88		92		96		100	
颈围	31.0		31.8		32.6		33.4		34.2		35.0		35.8		36.6	
总肩宽	37.0		38.0		39.0		40.0		41.0		42.0		43.0		44.0	
腰围	50	52	54	56	58	60	62	64	66	68	70	72	74	76	78	80
臀围	77.4	79.2	81.0	82.8	84.6	86.4	88.2	90.0	91.8	93.6	95.4	97.2	99.0	100.8	102.6	104.4

表2-9 女人体5·4、5·2A号型系列控制部位数值   单位：cm

A																							
部位	数值																						
身高	145			150			155			160			165			170			175			180		
颈椎点高	124.0			128.0			132.0			136.0			140.0			144.0			148.0			152.0		
坐姿颈椎点高	56.5			58.5			60.5			62.5			64.5			66.5			68.5			70.5		
全臂长	46.0			47.5			49.0			50.5			52.0			53.5			55.0			56.5		
腰围高	89.0			92.0			95.0			98.0			101.0			104.0			107.0			110.0		
胸围	72			76			80			84			88			92			96			100		
颈围	31.2			32.0			32.8			33.6			34.4			35.2			36.0			36.8		
总肩宽	36.4			37.4			38.4			39.4			40.4			41.4			42.4			43.4		
腰围	54	56	58	58	60	62	62	64	66	66	68	70	70	72	74	74	76	78	78	80	82	82	84	86
臀围	77.4	79.2	81.0	81.0	82.8	84.6	84.6	86.4	88.2	88.2	90.0	91.8	91.8	93.6	95.4	95.4	97.2	99.0	99.0	100.8	102.6	102.6	104.4	106.2

表2-10 女人体5·4、5·2B号型系列控制部位数值   单位：cm

B							
部位	数值						
身高	145	150	155	160	165	170	175	180
颈椎点高	124.5	128.5	132.5	136.5	140.5	144.5	148.5	152.5
坐姿颈椎点高	57.0	59.0	61.0	63.0	65.0	67.0	69.0	71
全臂长	46.0	47.5	49.0	50.5	52.0	53.0	55.0	56.5
腰围高	89.0	92.0	95.0	98.0	101.0	104.0	107.0	110.0

029

（续表）

B																					
部位	数值																				
胸围	68		72		76		80		84		88		92		96		100		104		108
颈围	30.6		31.4		32.2		33.0		33.8		34.6		35.4		36.2		37.0		37.8		38.6
总肩宽	34.8		35.8		36.8		37.8		38.8		39.8		40.8		41.8		42.8		43.8		44.8
腰围	56	58	60	62	64	66	68	70	72	74	76	78	80	82	84	86	88	90	92	94	96	98
臀围	78.4	80.0	81.6	83.2	84.8	86.4	88.0	89.6	91.2	92.8	94.4	96.0	97.6	99.2	100.8	102.4	104.0	105.6	107.2	108.8	110.4	112.0

表2-11　女人体5·4、5·2C号型系列控制部位数值　　　　　　　　　单位：cm

C																							
部位	数值																						
身高	145			150			155			160			165			170			175			180	
颈椎点高	124.5			128.5			132.5			136.5			140.5			144.5			148.5			152.5	
坐姿颈椎点高	56.5			58.5			60.5			62.5			64.5			66.5			68.5			70.5	
全臂长	46.0			47.5			49.0			50.5			52.0			53.5			55.0			56.5	
腰围高	89.0			92.0			95.0			98.0			101.0			104.0			107.0			110.0	
胸围	68		72		76		80		84		88		92		96		100		104		108		112
颈围	30.8		31.6		32.4		33.2		34.0		34.8		35.6		36.4		37.2		38.0		38.8		39.6
总肩宽	34.2		35.2		36.2		37.2		38.2		39.2		40.2		41.2		42.2		43.2		44.2		45.2
腰围	60	62	64	66	68	70	72	74	76	78	80	82	84	86	88	90	92	94	96	98	100	102	104	106
臀围	78.4	80.0	81.6	83.2	84.8	86.4	88.0	89.6	91.2	92.8	94.4	96.0	97.6	99.2	100.8	102.4	104.0	105.6	107.2	108.8	110.4	112.0	113.6	115.2

　　表2-5和表2-9所示分别为男子和女子5·4、5·2A号型系列控制部位数值，从表中可以看出各部位相邻两列间的差：颈椎点高之差均为4 cm、坐姿颈椎点高之差均为2 cm、全臂长之差均为1.5 cm、腰围高之差均为3 cm、胸围之差均为4 cm、颈围之差分别为1 cm和0.8 cm、总肩宽之差分别为1.2 cm和1 cm、腰围之差均为2 cm、臀围之差分别为1.6 cm和1.8 cm。

　　表2-5中的身高和胸围并不是一一对应而是有交叉的，单从该表看，如果依据国家标准组织内销服装的生产，在制订服装规格表时，不应只生产170/88A规格的上装，还要适当生产一些170/84A规格的上装，别的规格也是这样；而对于表2-9却是一一对应，单从该表看，在组织生产时，可以只考虑一个身高对应于一个胸围。在生产下装时，如男子身高为170 cm，可以生产的下装规格有170/70A、170/72A、170/74A和170/76A；女子身高为160 cm，生产的下装规格可以是160/66A、160/68A和160/70A。如果组织生产套装，男子身高仍为170 cm，则有170/84A|170/70A、170/84A|170/72A、170/88A|170/72A、170/88A|170/74A、170/88A|170/76A五种规格；女子身高为160 cm，则有160/84A|160/66A、160/84A|160/68A和160/84A|160/70A三种规格。如果要进行综合分析，对同一身高，在组织生产时，还不能简单地只生产上述规格。表2-12是女子号型系列各体型分档数值表，表

中采用的人体部位有身高、颈椎点高、坐姿颈椎点高、全臂长、腰围高、胸围、颈围、总肩宽、腰围和臀围。女子的中间体在标准中使用的身高是 160 cm，表中的计算数是指经过数理统计后得到的数值，采用数是服装专家们在计算数的基础上进行合理地处理得到的数值，它在内销服装生产过程中制定规格尺寸表时有着重要作用。

表 2-12　女子服装号型各系列分档数值　　　　　　　　　　　　　　　　　　　　　　　　单位：cm

体型	Y								A							
部位	中间体		5·4 系列		5·2 系列		身高、胸围、腰围每增减 1 cm		中间体		5·4 系列		5·2 系列		身高、胸围、腰围每增减 1 cm	
	计算数	采用数	计算数	采用数	计算数	采用数	计算数	采用数	计算数	采用数	计算数	采用数	计算数	采用数	计算数	采用数
身高	160	160	5	5	5	5	1	1	160	160	5	5	5	5	1	1
颈椎点高	136.2	136.0	4.46	4.00			0.89	0.80	136.0	136.0	4.53	4.00			0.91	0.80
坐姿颈椎点高	62.6	62.5	1.66	2.00			0.33	0.40	62.6	62.5	1.65	2.00			0.33	0.40
全臂长	50.4	50.5	1.66	1.50			0.33	0.30	50.4	50.5	1.70	1.50			0.34	0.30
腰围高	98.2	98.0	3.34	3.00	3.34	3.00	0.67	0.60	98.1	98.0	3.37	3.00	3.37	3.00	0.68	0.60
胸围	84	84	4	4			1	1	84	84	4	4			1	1
颈围	33.4	33.4	0.73	0.80			0.18	0.20	33.7	33.6	0.78	0.80			0.20	0.20
总肩宽	39.9	40.0	0.70	1.00			0.18	0.25	39.9	39.4	0.64	1.00			0.16	0.25
腰围	63.6	64.0	4	4	2	2	1	1	68.2	68	4	4	2	2	1	1
臀围	89.2	90.0	3.12	3.60	1.56	1.80	0.78	0.90	90.9	90.0	3.18	3.60	1.59	1.80	0.80	0.90
体型	B								C							
部位	中间体		5·4 系列		5·2 系列		身高、胸围、腰围每增减 1 cm		中间体		5·4 系列		5·2 系列		身高、胸围、腰围每增减 1 cm	
	计算数	采用数	计算数	采用数	计算数	采用数	计算数	采用数	计算数	采用数	计算数	采用数	计算数	采用数	计算数	采用数
身高	160	160	5	5	5	5	1	1	160	160	5	5	5	5	1	1
颈椎点高	136.3	136.5	4.57	4.00			0.92	0.80	136.5	136.5	4.48	4.00			0.90	0.80
坐姿颈椎点高	63.2	63.0	1.81	2.00			0.36	0.40	62.7	62.5	1.80	2.00			0.35	0.40
全臂长	50.5	50.5	1.68	1.50			0.34	0.30	50.5	50.5	1.60	1.50			0.32	0.30
腰围高	98.0	98.0	3.34	3.00	3.30	3.00	0.67	0.60	98.2	98.0	3.27	3.00	3.27	3.00	0.65	0.60
胸围	88	88	4	4			1	1	88	88	4	4			1	1
颈围	34.7	34.6	0.81	0.80			0.20	0.20	34.9	34.8	0.75	0.80			0.19	0.20
总肩宽	40.3	39.8	0.69	1.00			0.17	0.25	40.5	39.2	0.69	1.00			0.17	0.25
腰围	76.6	78.0	4	4	2	2	1	1	81.9	82	4	4	2	2	1	1
臀围	94.8	96.0	3.27	3.20	1.64	1.60	0.82	0.80	96.0	96.0	3.33	3.20	1.67	1.60	0.83	0.80

身高所对应的高度部位是颈椎点高、坐姿颈椎点高、全臂长、腰围高。
胸围所对应的围度部位是颈围、总肩宽。
腰围所对应的围度部位是臀围。

五、号型系列设计的意义

国家服装号型的颁布给服装规格设计特别是成衣生产的规格设计提供了可靠依据。但是服装号型并不是现成的服装成品尺寸，只是提供了可参考的人体尺寸，成衣规格设计的任务，就是以服装号型为依据，根据服装款式、体型等因素，加放不同的放松量，制定出服装规格。

在进行成衣规格设计时，需要依据具体产品的款式和风格等特点要求进行相应的规格设计。对于服装企业来说，需要依据选定的号型系列编制出成衣的规格系列表。

六、服装号型标准的应用

（一）号型应用

对于着装者来说，首先要根据自己净胸围与净腰围的差值来确定自己属于哪一种体型，然后看身高、净胸围和净腰围是否和号型设置一致，如果一致可对号入座，如有差异则采用近距离靠拢法。考虑到服装造型和穿着的习惯，某些矮胖和瘦长体型的人，也可选大一档的号或大一档的型。

对于服装企业来说，首先要从标准规定的各系列中选用适合本地区的号型系列，然后考虑每个号型适应本地区的人口比例和市场需求情况，相应地安排生产数量。各体型人体的比例，分体型、分地区的号型覆盖率可参考国家标准，同时也应产生一定比例的两头号型，以满足各部分人群穿着需求。

（二）号型配置

服装企业应根据选定的号型系列编制出产品的规格系列表。在实际生产和销售中，由于种种客观原因，如投产批量小、品种不同、服装款式不同等，不可能也没有必要全部完成规格系列表中的规格配置，而是选用其中一部分规格进行生产或选择部分热销的号型安排生产，即号型配置就是选出最常用的号与型的搭配形式，使其使用更加合理。配置一般有几种形式：

（1）号和型同步配置：160/80、165/84、170/88。

（2）一号多型配置：170/80、170/84、170/88。

（3）多号一型配置：165/88、170/88、175/88。

第二节　服装规格系列编制

一、服装成品规格设计

服装号型标准的制定，给服装规格设计提供了可靠的依据，但服装号型标准提供的不是现成的服装成品尺寸，而只是人体尺寸。成衣规格设计的任务是将人体尺寸转化成服装成品尺寸。它以服装号型为依据，根据服装款式、体型等因素，加不同的放松量来制定出服装规格，满足市场的需求。

上装：衣长、胸围、肩宽、领围、袖长等主要控制部位。

下装：裤（裙）长、腰围、臀围等主要控制部位。

二、成衣规格设计性质

1. 商品性

成衣规格设计需要考虑到投放地区多数人的体型和规格的要求，将人群中具有共性的体型特征作为研究对象进行规格设计。

2. 相对性

同一服装号型，具体产品不同，规格设计不同。成衣规格设计需要满足人体所需松量总和。

3. 适应性

修饰体型，美化服装，适应特殊穿着需求，有意识地增大或缩小部位尺寸的变化规律。成衣规格来源于人体尺寸，但不等于人体尺寸，还要适应不同的流行变化。如流行的超大号风格的款式，则是采用夸张比例的造型，有意模糊成衣服装规格尺寸。因此需要综合分析款式造型，设置适应的规格尺寸。

三、成衣规格设计步骤

每种服装生产前都应确定市场销售的地区、对象，然后依据销售地区、对象的人体体型状况选择服装号型，组成系列，设计规格。

1. 确定号型系列

依据人体体型和服装号型覆盖率，选择号型系列。

2. 选定中间体

依据号型出现频数的高低，使中间体尽可能位于设置号型的中间位置。

3. 确定中间体成品规格

确定中间体成衣规格尺寸，规格设计的关键是如何用控制部位数值设计服装规格尺寸。

4. 确定号型系列

以中间体为中心，按各部位档差，递增或递减组成规格系列。

5. 号型配置

根据规格系列表结合实际情况编制出生产所需要的号型配置。配置号型时，也必须依据市场情况，使选定的号型系列尽可能少，覆盖面尽可能大，简化成衣生产管理。

四、服装松量

服装松量是在服装规格设计前根据人体的控制部位数据，加上一定的放松量，从而确定服装的控制部位尺寸。服装松量有静态松量、动态松量、造型松量、视觉松量四种。一般情况下服装控制部位规格＝人体控制部位数值＋放松量；服装控制部位分档数值＝人体控制部位分档数值。一般上装控制部位有衣长、袖长、胸围、总肩宽、领围等；下装控制部位有裤长、腰围、臀围、立裆长等。服装各部位松量的确定，没有统一标准，有些省市在贯彻国家号型标准时对常见服装品种提供了参考数据。参见表 2-13、表 2-14、表 2-15。

表 2-13　女上装参考规格设计依据　　　　　　　　　　　　　　　　　　　　单位：cm

部位	西装	衬衣	中长旗袍	连衣裙	短大衣	长大衣	控制部位
衣长	颈椎点高/2-5	2/5 号	3/5 号 +8	3/5 号 +（0~8）	2/5 号 +（6~8）	3/5 号 +（8~16）	以颈椎点高、号定
胸围	型 +（14~18）	型 +（12~14）	型 +（12~14）	型 +（12~14）	型 +（18~24）	型 +（20~26）	以型来定
肩宽	总肩宽 +（1~2）	总肩宽 +1.1	总肩宽 +1.1	总肩宽 +1.1	总肩宽 +（1.1~3.6）	总肩宽 +（1.1~3.6）	总肩宽
袖长	全臂长 +（3~4）	全臂长 +（1.1~3.5）	全臂长 +（1.1~3.5）	全臂长 +（1.1~3.5）	全臂长 +（5~7）	全臂长 +（5~7）	全臂长
领大	—	颈围 +（2.4~4.1）	颈围 +（2.4~4.1）	颈围 +（2.4~4.1）	颈围 +（6.4~12.4）	颈围 +（6.4~12.4）	颈围

表 2-14　女下装参考规格设计依据　　　　　　　　　　　　　　　　　　　　单位：cm

部位	长裤	裙裤	裙	控制部位
裤（裙）长	腰围高 +（0~2）	2/5 号 -（2~6）	2/5 号 ±（0~10）	腰围高、号
腰围	型 +（2~4）	型 +（0~2）	型 +（0~2）	以型来定
臀围	臀围 +（8~12）	臀围 +（6~10）	臀围 +（6~10）	臀围
立档	国外按股上长定立档，国内没有这个尺寸，按经验定。BR（立档）=TL（裤长）/10+H（身高）/10+（8~10）			
裤口	0.2H（身高）±b（b 为常数，视款式而定）			

表 2-15　女西裤规格系列设置表（A 体型）　　　　　　　　　　　　　　　　单位：cm

部位	155/64	160/68	165/72	170/76
裤长	97	100	103	106
立档	27.5	28.5	29.5	30.5
腰围	66	70	74	78
臀围	94.4	98	101.6	105.2
裤口（宽度）	21.5	22	22.5	23

思考与练习

1. 号、型的概念及我国服装号型标准的特点。

2. 号型的标注及含义。

3. 号型系列的概念及组成。

4. 号型规格的应用。

第三章

服装工业推板原理与技术

服装工业化生产针对大众消费人群，每种款式服装需要有多种规格满足不同体型客户，因此需要服装企业按照国家或国际技术标准制定产品的规格系列并制作不同系列的全套服装样板。

服装工业推板是工业制板的一部分，这种以标准样板为基准，兼顾各个号型，进行科学的计算、缩放，制定出系列号型样板的方法叫作服装推板，简称推板，又称服装放码、服装样板放缩、推档或扩号。

采用推板技术不但能很好地把握各规格或号型系列变化的规律，使款型结构一致，而且有利于提高制板的速度和质量，使生产和质量管理更科学、更规范、更容易控制。推板是一项技术性、实践性很强的工作，是计算和经验的结合。在工作中要求细致、合理，质量上要求绘图和制板都应准确无误。

第一节　服装工业推板原理与方法

通常，同一种款式不同规格的服装都可以通过单独制板的方式实现，但是在绘制过程中需要反复计算，出错的概率较大。另外在特殊位置比如牛仔裤前弯袋的这条曲线，如果不借助于其他工具，曲线的造型或多或少会有差异，会造成服装结构的不一致。采用推板技术缩放出的几个规格就不易出现差错，因为号型系列推板是以标准样板为基准，兼顾了各个规格或号型系列关系，通过科学的计算而绘制出系列裁剪样板，这种方法可保证系列规格样板的相似性、比例性和准确性，同时提高对同一服装款式制板的速度和组织工业生产的效率。

一、服装工业推板基本原理

服装工业推板的原理来自数学中的相似形原理，图3-1是任意图形投影射线相似变换原理示意图，各衣片的绘制以各部位间的尺寸差值为依据，逐部位分配放缩量。但推画时，首先应选定各规格样板的固定坐标中心点为统一的放缩基准点，各衣片根据需要可有多种不同的基准点选位。下面以简单的正方形的变化进行分析。

如图3-2所示，假如（a）图正方形 $ABCD$ 的边长比（b）图正方形 $A'B'C'D'$ 的边长小1个单位，（c）图以 B 点和 B' 点两点重合作为坐标系的原点 O，纵坐标在 AB 边上，横坐标在 BC 边上，那么，正方形 $A'B'C'D'$ 各点的纵坐标在正方形 $ABCD$ 对应各点放大1，0，0，1，横坐标对应各点放大0，

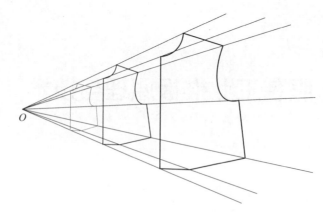

图 3-1　图形投影射线相似变换

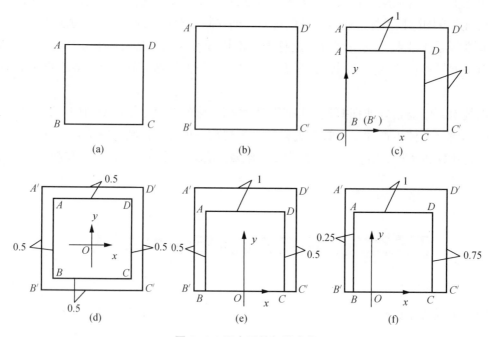

图 3-2　正方形的相似变化

0，1，1，顺序连接各点得到放大的正方形 A' B' C' D'；（d）图的坐标系在正方形 ABCD 的中心，那么，正方形 A' B' C' D' 各点的纵坐标在正方形 ABCD 对应各点放大 0.5，0.5，0.5，0.5，横坐标对应各点放大 0.5，0.5，0.5，0.5，顺序连接各点得到放大的正方形 A' B' C' D'；（e）图的坐标系原点 O 在正方形 ABCD 的 BC 边的中点，那么，正方形 A' B' C' D' 各点的纵坐标在正方形 ABCD 对应各点放大 1，0，0，1，横坐标对应各点放大 0.5，0.5，0.5，0.5，顺序连接各点得到放大的正方形 A' B' C' D'；（f）图的坐标系原点 O 在正方形 ABCD 的 BC 边上，距 B 点为 BC 边长的 1/4，那么，正方形 A' B' C' D' 各点的纵坐标在正方形 ABCD 对应各点放大 1，0，0，1，横坐标对应各点放大：0.25，0.25，0.75，0.75，顺序连接各点得到放大的正方形 A' B' C' D'。当然，坐标系还可以建立在不同的边上，只是纵、横坐标放大的数值不一样。缩小的原理类同。通过比较（c）、（d）、（e）、（f）四图，可以发现这些放大的图形结构、造型没有改变；而且（c）图的放大方法最简单，其他三图的放大方法则比较复杂。

　　由此可见，服装工业推板的放缩推画基准点和基准线（坐标轴）的定位与选择要注意三个方面的因素：

（1）要适应人体体型变化规律。

人体体型变化不是每个部位，如前胸宽、后背宽、腋深、上裆深等，都随身高、胸围同比例地增减的。

（2）有利于保持服装造型、结构的相似和一致。

服装造型风格要保持整体的统一，故某些部位不能按比例缩放。如叠门、驳头、冲肩量、领宽、袋宽、腰带宽等部位基本保持不变。原因是纽扣大小不变，所以叠门大小不变、驳头大小不变。从视觉一致性上考虑某些部位也不成比例变化。

（3）便于推画放缩和保证样板的清晰。

由于不同人体不同部位的变化并不像正方形的放缩那么简单，而是有着各自增长或缩小的规律，因此，在样板推板时，既要用到上面图形相似放缩的原理来控制"形"，满足人体与服装的形态变化规律；又要按人体的规律来满足"量"，满足服装号型规格尺寸的要求。

二、服装工业推板的方法

（一）手工推板

常见的方法有两种（推放法、制图法）：

（1）推放法：先确定基准样板，然后按档差，在领口、肩部、袖窿、侧缝、底边等，进行上下左右移动，可扩大或缩小，直接用硬纸板或软纸完成，这对操作人员的技能有较高的要求。

（2）制图法：先确定基准样板，然后按档差运用数学方法，确定坐标位置，找出各放码点的档差值，然后连接各位移点（或称放码点）。

（二）计算机放码

常见的方法有两种（线的放码、点的放码）：

1. 线的放码

基本原理是在样板放大或缩小的位置引入恰当合理的切开线对样板进行假想的切割，并在这个位置输入一定的切开量（根据档差计算得到的分配数），从而得到另外的号型样板。有三种形式的切开线：水平、竖直和倾斜的切开线。水平切开线使切开量沿竖直方向放大或缩小，竖直切开线使切开量沿水平方向变化，倾斜切开线使切开量沿切开线的垂直方向变化。此方法有一定的局限性。如图3-3所示。

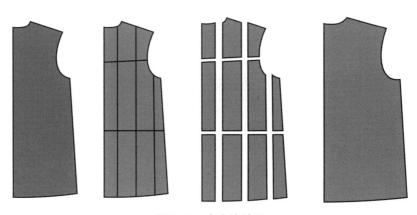

图3-3 衣身线放码

2. 点的放码

点的放码是放码的基本方式，无论在手工放码（制图法）还是电脑放码中，应用都是最广的。基本原理是：在基本码样板上选取决定样板造型的关键点作为放码点，根据档差，在放码点上分别给出不同号型的 x 和 y 方向的增减量，即围度方向和长度方向的变化量，构成新的坐标点，根据基本样板轮廓造型，连接这些新的点就构成不同号型的样板。

这种方法原理比较简单，与手工放码方式相符合，一般系统都提供了多种检查工具，比如对齐一点检查，可以从多个角度检查样板的放缩，放码精度大大提高了；可以根据具体服装造型、号型的不同，灵活地对某些决定服装款式造型的关键点进行放缩规格的设定，比较精确，适用于任何款式的服装。本书中运用的就是此方法。如图3-4所示。

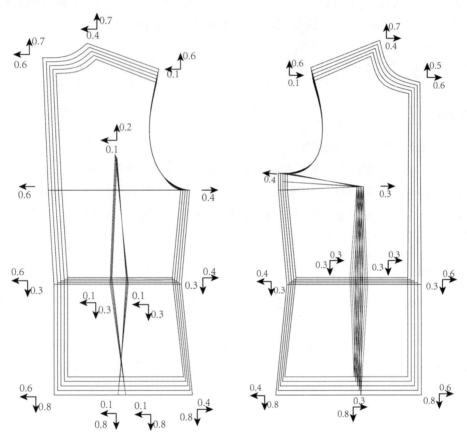

图3-4　衣身点放码

第二节　服装工业推板步骤

一、选择标准中间规格

不论采用什么方法进行服装推板，首先要选择标准规格样板，即基本样板或封样样板。标准样板一般是选择号型系列或订单中提供的各个规格中具有代表性并能大小兼顾的规格作为基准。

　　例如，在商场中卖的衬衫后领处缝有尺寸标记，但标记不是只有一种规格，通常的规格有 XS、S、M、L、XL 等。绘制样板时，一般选择 M 作为中间规格进行绘制。若选择 M 为中间规格，则 S 规格以 M 规格为基准进行缩小，XS 规格以 S 规格为基准进行缩小，L 规格也以 M 规格为基准进行放大，而 XL 规格则又以 L 规格为参考进行放大，以此类推。

　　选择合适的中间规格主要考虑 3 个方面的因素：

　　第一，推板工作如果由人工来完成，合适的中间规格样板在缩放时能减少误差的产生。如果以最小规格样板去推放其余规格或以最大规格样板推缩别的规格，产生的误差相对来说会大些，尤其最大规格推缩别的规格比最小规格推放其余规格的操作过程更麻烦些。在服装 CAD 的推板系统中，凭借计算机运算速度快及作图精确的优势就不会产生上述的问题。

　　第二，由于样板绘制可以采用不同的公式或方法进行计算，合适的中间规格在缩放时能减少其产生的差数。

　　第三，对于批量生产的不同规格服装订单，通过中间规格样板的排料可以估算出面料的平均用料，减少浪费，节约成本。

二、绘制基本样板

　　确定中间规格之后，开始绘制中间规格样板，即基本样板。绘制基本样板前首先应分析面料的性能对样板的影响，人体各部位的测量方法与样板的关系，采用哪种制板方法等，然后绘制出封样用裁剪样板和工艺样板，并按裁剪样板裁剪面料，严格按工艺样板缝制、后整理及验收样衣并进行封样。

　　中间规格样板的正确与否将直接影响推板实施的好坏，如果中间规格样板出现问题，不论推板技术运用得多么熟练，也没有意义。

三、基准线的确定

　　基准线类似数学中的坐标轴，从理论上讲，选择任何线作为基准线都是可以的，但是为了推板方便并保证各推板样板的造型和结构一致，就要科学合理地选择基准线。

　　常用的基准线如下：

　　上装中前片一般选取袖窿深线作为围度方向的基准线，选取前中或搭门线作为长度方向的基准线；后片一般选取袖窿深线作为围度方向的基准线，选取后中线作为长度方向的基准线；袖子一般选取袖肥线作为围度方向的基准线，袖中线作为长度方向的基准线；领子一般放缩后领中线，基准位置为领尖点。

　　裤装中一般选取横裆线（或臀围线、腰围线）作为围度方向的基准线，裤中线作为长度方向的基准线。

　　裙装中一般选取臀围线（或腰围线）作为围度方向的基准线，前、后中线作为长度方向的基准线。圆裙以圆点为基准，多片裙以对折线为基准线。

四、样板的放缩约定

　　样板的放大与缩小有严格的界限。

　　放大：远离基准线的方向；

缩小：接近基准线的方向。

只要记住上面两条约定，就可以准确判定推板的放大和缩小的方向。

图3-5是女上装衣身原型的放大和缩小约定，胸围线是长度方向的基准线，前、后中线分别是前、后片围度的基准线。

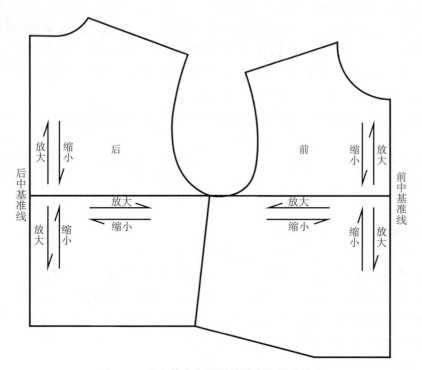

图3-5　女上装衣身原型的放大和缩小约定

五、档差的确定

档差是指某一款式同一部位相邻规格之差。工业样板缩放的实质是求出服装平面图形的各个工艺点的纵向和横向位移变化量，即档差。

档差来源：

（1）规格系列中的档差数；

（2）制板中的各部位比例计算公式；

（3）经验调节；

（4）线段长与总线段长的比值。

六、分解各档样板

在取得特征点缩放的具体位置后，用M档样板的轮廓图形去构成各档样板的相似图形。其中尤其注意：肩缝的平行，门襟的平行，底边的平行，背缝的平行，腰节线的平行，胸围线的平行，前袖缝的平行，袖口缝的平行，裤子烫迹线的平行；冲肩量的不变，省道量的不变，叠门量的不变，袖山风格的不变，前裆缝风格的不变，各种零部件宽度的不变。

第三节　女装原型推板

　　根据推板的原理和方法，以女装原型的推板过程来了解制板和推板之间的关系，下文将分别讲述日本文化式女装原型和女装工业原型的推板。

一、日本文化式女装原型推板

（一）原型绘制

　　日本文化式女装原型具体规格尺寸见表 3-1，其中胸围规格 94（84）表示加松量胸围是 94 cm，净胸围是 84 cm，后文类似规格表述同理。

表 3-1　日本文化式女装原型规格　　　　　　　　　　　　　　　　　　　　　　　　　　单位：cm

部位	代号	规格	档差
胸围	B	94（84）	4
腰围	W	70（64）	4
背长	BL	38	1
袖长	SL	52	1.5

　　日本文化式女装原型细部规格见表 3-2，其中 B* 表示净胸围，后文加 * 均表示净尺寸，原型绘制见图 3-6，其中 AH 表示前后衣身袖窿弧线总长。

表 3-2　日本文化式女装原型细部规格表　　　　　　　　　　　　　　　　　　　　　　　单位：cm

部位	前衣片	后衣片
胸围	B*/4+2.5=23.5	B*/4+2.5=23.5
背长	—	38
横开领	B*/20+2.9−0.2=6.9	B*/20+2.9=7.1
直开领	B*/20+2.9−0.2+1=7.9	（B*/20+2.9）/3≈2.36
袖窿深	—	B*/6+7=21
胸（背）宽	B*/6+3=17	B*/6+4.5=18.5
肩斜度	（B*/20+2.9）/3	2×（B*/20+2.9）/3
后冲肩	—	2
前凸量	前横开领 /2	—
BP 点	偏 0.7 下 4	—

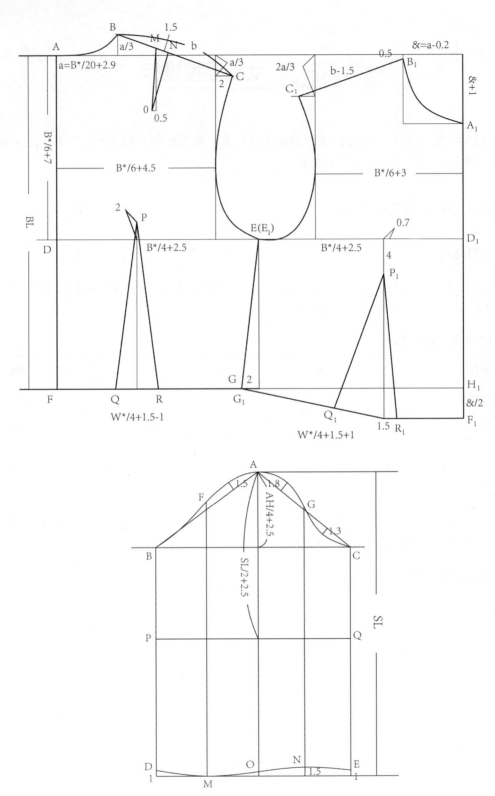

图 3-6 日本文化式女装原型绘制

（二）原型推板

1. 后片推板（图 3-7）

选取后中线为后片纵向长度方向基准线，袖窿深线为横向围度方向基准线。

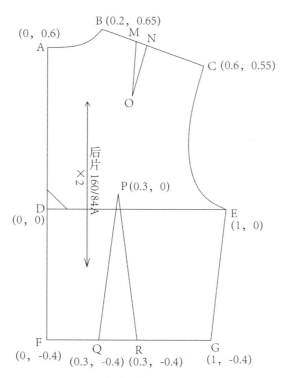

图 3-7　衣身文化式原型后片推板

在推板时，以△加某点表示该点的位移量，△加部位名称表示该部位的档差。

后领中 A 点：A 点纵向长度距离基准线为 B* / 6 + 7 cm，胸围档差为△胸围 = 4 cm，所以 A 点纵向位移量为△A = △胸围 / 6 ≈ 0.67 cm，为了计算方便及推板的合理性，取△A = 0.6 cm；A 点在纵向基准线上，所以横向位移不变。

肩颈点 B 点：B 点纵向长度距离基准线为 B* / 6 + 7 cm + 后领深 = B* / 6 + 7 cm + (B* / 20 + 2.9 cm)/ 3，所以 B 点纵向位移量为△B = △A + △胸围 / 60 ≈ 0.65 cm；B 点横向长度距离基准线为 B* / 20 + 2.9 cm，所以 B 点横向位移量为△胸围 / 20 = 0.2 cm。

肩点 C 点：根据肩线的绘制过程，C 点在纵向方向相对 A 点下落一个后领深的距离，所以 C 点纵向位移量为△C = △A − △胸围 / 60 ≈ 0.55 cm；C 点横向长度与背宽有关，背宽 = B* / 6 + 4.5 cm，所以 C 点横向位移量为△C = △胸围 / 6 ≈ 0.67 cm，取△C = 0.6 cm。

D 点位于纵向、横向基准线上，所以 D 点纵向、横向位移量均为 0。

袖窿深点 E 点位于横向基准线上，所以 E 点纵向位移量为 0，E 点横向长度距离基准线为 B* / 4 + 2.5 cm，所以 E 点横向位移量为△E = △胸围 / 4 = 1 cm。

F 点位于腰围线上，背长档差为 1 cm，AD 档差为 0.6 cm，所以 F 点纵向位移量为△F 为 0.4 cm；F 点位于纵向基准线上，所以 F 点横向位移量为 0。

G 点与 F 点同理，纵向位移量为 0.4 cm，G 点横向长度距离基准线为 W* / 4 + 1.5 cm − 1 cm，所以 G 点横向位移量为△G = △W / 4 = 1 cm。

省尖点 P 纵向长度距离基准线为 2 cm，是固定值，所以档差为 0，纵向位移量为 0，因为 P 点距离纵向基准线距离为背宽 / 2，背宽 = B* / 6 + 4.5 cm，所以 P 点横向位移量为△P = △胸围 / 12 ≈ 0.3 cm。

腰省 Q 点与 R 点：与 F 点同理，纵向位移量为 0.4 cm，因为在推板过程中省道的大小一般保持不变，所以 Q 点与 R 点横向位移量与 P 点一致，为 0.3 cm。

2. 后肩省推板（图3-8）

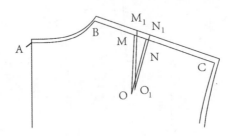

图3-8　后肩省推板

如果后肩省的位置和长短都是定数，那在推板过程中，省的位置和长短就不能改变，这样是不符合人体基本规律的。所以我们将 BM 设为 BC / 3，MO 设为 BC / 2，这样肩省就会随着肩线的变化而变化。根据绘制方法，肩省的推板和肩线有关。具体过程如下：

首先，测量出中间规格的肩线长度与放大规格的肩线长度，两者之差即为后肩长的档差 ΔBC，即 $\Delta BM = \Delta BC / 3$，$\Delta MO = \Delta BC / 2$。

其次，把中间规格的肩线与放大规格的肩线及肩颈点重合，将中间规格的 M 点位置复制到放大规格的肩线上，然后将该点沿着肩线右移 $\Delta BC / 3$，得到 M_1 点。

再次，将中间规格的肩线与放大规格的肩线重合，M 点与 M_1 点重合，将中间规格的 N 点位置复制到放大规格的肩线上，得到 N_1 点。将省尖点 O 复制到放大规格的样板上。

最后，将 O 点下移 $\Delta BC / 2$，得到放大规格的省尖点 O_1，连接新省线，完成放大规格的后肩省。

3. 前片推板（图3-9）

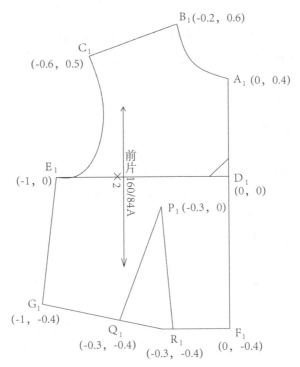

图3-9　衣身文化式原型前片推板

选取前中线为前片纵向长度方向基准线，袖窿深线为横向围度方向基准线。

肩颈点 B_1 点：B_1 点纵向长度距离基准线与后领中 A 点一致，所以 B_1 点纵向位移量为 $\Delta B_1 = \Delta A = 0.6$ cm；B_1 点横向长度距离基准线为前领宽，所以 B_1 点横向位移量为 Δ 胸围 $/20 = 0.2$ cm。

前领中 A_1 点：A_1 点纵向长度距离基准线为 $B^*/6 + 7$ cm－前领深（$B^*/20 + 2.9$ cm）-0.2 cm $+ 1$ cm，胸围档差为 $\Delta B = 4$ cm，所以 A_1 点纵向位移量为 $\Delta A_1 = \Delta B_1 - \Delta$ 胸围 $/20 = 0.4$ cm。A_1 点在纵向基准线上，所以横向位移不变。

前肩点 C_1 点：根据前肩线的绘制过程，C_1 点在长度方向上比 A 点下落两个后领深，所以 C_1 点的变化量为 $\Delta C_1 = \Delta A - 2 \times \Delta$ 胸围 $/60 \approx 0.5$ cm；由于前肩长是根据后肩长确定的，而后肩点的变化量是 0.6 cm，所以前肩点 C_1 点在围度方向上的变化量为 $\Delta C_1 = \Delta C = 0.6$ cm。

D_1 点位于纵向、横向基准线上，所以 D_1 点纵向、横向位移量均为 0。

袖窿深点 E_1 点位于横向基准线上，所以 E_1 点纵向位移量为 0，E_1 点横向长度距离基准线为 $B^*/4 + 2.5$ cm，所以 E_1 点横向位移量为 $\Delta E_1 = \Delta$ 胸围 $/4 = 1$ cm。

G_1 与 G 点在侧缝线上，属于同一个点，纵向位移量同为 0.4 cm，由于 G_1 点横向长度距离基准线为 $W/4 + 1.5$ cm $+ 1$ cm，所以 G_1 点在围度方向上的变化量为 $\Delta G_1 = \Delta W/4 = 1$ cm。

F_1 点在水平腰围线的基础上向下有一个胸凸量，胸凸量的大小等于前横开领 $/2$，所以 F_1 纵向位移量为 $\Delta F_1 = \Delta G_1 + 4$ cm $/(20 \times 2) = 0.5$ cm。F_1 点位于纵向基准线上，所以 F 点横向位移量为 0。

省尖点 P_1：根据绘制过程，P_1 点为前胸宽 $/2$ 左移 0.7 cm，再下移 4 cm，所以 P_1 纵向位移量为 0，即 $\Delta P_1 = 0$；因为 P_1 点距离围度基准线是根据胸宽 $/2$ 确定的，胸宽 $= B^*/6 + 3$，所以 P_1 点横向位移量为 Δ 胸围 $/12 \approx 0.3$ cm。

腰省 Q_1 点与 R_1 点：Q_1 与 G_1 点同理，纵向位移量为 0.4 cm；R_1 与 F_1 点同理，纵向位移量为 0.5 cm，因为在推板过程中省道的大小一般保持不变，所以 Q_1 点与 R_1 点横向位移量与 P_1 点一致，为 0.3 cm。

4. 袖子推板（图 3-10）

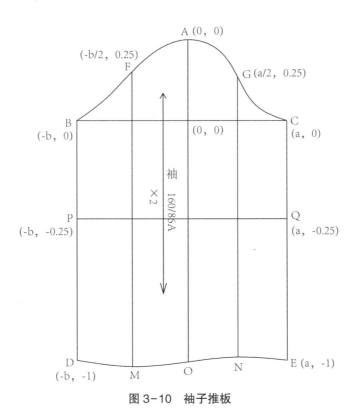

图 3-10　袖子推板

通常袖窿弧线长度与胸围有一定的关系，大约等于 0.45× 胸围，这样袖窿的档差就等于 0.45～0.5 的胸围档差，即袖窿档差约为 1.8～2 cm，这里我们取袖窿的档差为 2 cm。

把袖肥线作为横向基准线，袖中线作为纵向基准线。

袖山顶点 A：根据袖山高的计算公式，A 点纵向位移量为 $\Delta A = \Delta AH / 4 = 2\ cm / 4 = 0.5\ cm$。因为袖山顶点 A 在纵向基准线上，所以 A 点的横向位移量为 0。

B、C 点：由于 B、C 点在横向基准线上，所以 B 点、C 点纵向位移量为 0；根据绘制方法确定 B 点和 C 点在围度方向上的变化量，具体步骤如下（图 3-11）。

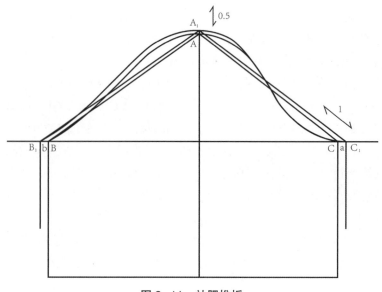

图 3-11　袖肥推板

（1）找到放大以后的 A_1 点，从 A_1 点向右下作前袖山斜线 A_1C_1，与袖肥线交于 C_1，使 $A_1C_1 = AC + 1\ cm$，得到 C_1 点，则 CC_1 即为 C 点横向位移量 a，经测量，a≈0.8 cm。

（2）从 A_1 点向左下作后袖山斜线 A_1B_1，与袖肥线交于 B_1，使 $A_1B_1 = AB + 1\ cm$，得到 B_1 点，则 BB_1 即为 B 点横向位移量 b，经测量，b≈0.8 cm。

袖口线上 D、M、O、N、E 点：由于这些点距离基准线都是一个袖长减去一个袖山高，所以 D、M、O、N、E 点在长度方向的变化量为 $\Delta D = \Delta M = \Delta O = \Delta N = \Delta E = \Delta SL - \Delta A = 1.5\ cm - 0.5\ cm = 1\ cm$。

袖肘线 P 点和 Q 点：根据袖肘线 PQ 的绘制方法，P 点和 Q 点在长度方向上的变化量为 $\Delta P = \Delta Q = \Delta SL / 2 - \Delta A = 0.75\ cm - 0.5\ cm = 0.25\ cm$。

袖山弧线 F 点和 G 点：根据袖山的绘制方法，F 点和 G 点近似等于袖山高的一半，所以，F 点和 G 点在长度方向上的变化量为 $\Delta F = \Delta G = \Delta A / 2 = 0.25\ cm$。

袖肘点 P 点和袖口线 D 点：由于 PD 平行于基准线袖中线，所以 P 点和 D 点横向位移量等于 B 点的变化量 $\Delta P = \Delta D = \Delta B = b$；同理 Q 点和 E 点的横向位移量等于 C 点的变化量 $\Delta Q = \Delta E = \Delta C = a$。

由于 FM、GN 都平行于基准线，且分别位于后袖肥和前袖肥的 1 / 2 处，所以 $\Delta F = \Delta M = \Delta B / 2 = b / 2$；$\Delta G = \Delta N = \Delta C / 2 = a / 2$。

原型推板网状图见图 3-12。

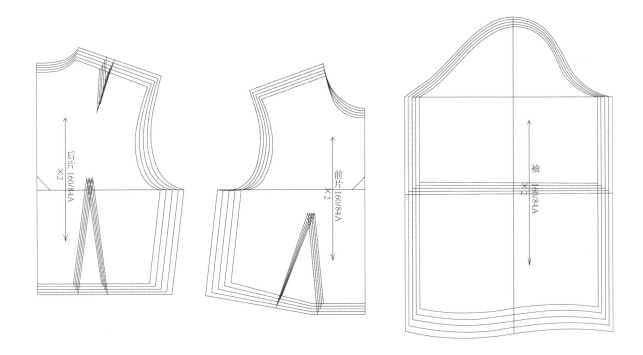

图 3-12　原型推板网状图

二、女装工业原型推板

（一）原型绘制

女装工业原型具体规格尺寸见表 3-3。

女装工业原
型制板

表 3-3　女装工业原型规格

单位：cm

部位	代号	规格	档差
胸围	B	92（84 + 8）	4
腰围	W	76（66 + 10）	4
臀围	HL	96（88 + 8）	4
袖长	SL	57	1.5
领围	NL	39（36 + 3）	1

女装工业原型细部规格见表 3-4，其中 H 表示身高，为 160 cm，工业原型绘制见图 3-13。

表 3-4　女装工业原型细部规格表

单位：cm

部位	前衣片	后衣片
胸围	（B / 2 + 2）/ 2 − 0.5 = 23.5	（B / 2 + 2）/ 2 + 0.5 = 24.5
腰围→臀围	H / 10 + 2.5 = 18.5	18.5
腰围→上平线（侧颈点）	H / 5 + 8.5 = 40.5	41
领宽	NL / 5 − 0.8 = 7	NL / 5 − 0.3 = 7.5

（续表）

部位	前衣片	后衣片
领深	$NL/5-0.8=7$	2.5
胸（背）宽	$0.15B+2.7=16.5$	$0.15B+4.2=18$
肩斜度	$15:5.4$	$15:6$
前冲肩	2	—
胸省量（BX）	$3\sim3.4$	—
BP点	距离上平线：$H/10+B^*/10$ 距离前中线：$B/10+0.5$	—
后腰线→袖窿深线	—	根据袖窿弧长＝$B/2-2+0.5$定位置
后肩胛省尖点	距离上平线 $H/10+2.5$	—

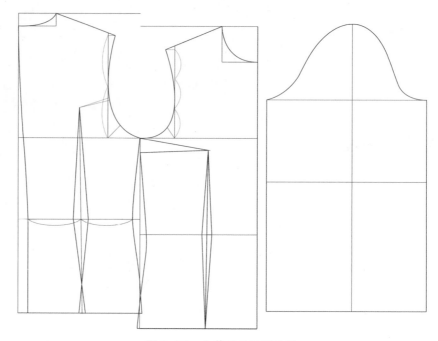

图 3-13　女装工业原型绘制

（二）原型推板

根据原型绘制方法计算出的各部位档差如表 3-5 所示。

表 3-5　各部位档差计算公式及数据

部位	公式	155／80A	160／84A	165／88A	档差
框架宽	$B/2+2$	52	48	50	2
腰围→臀围	$H/10+2.5$	18	18.5	19	0.5
后腰线→上平线	$H/5+8.5$	39.5	40.5	41.5	1
前腰线→上平线	后＋（$BX/2-0.5$）	40.1	41.1	42.1	1

（续表）

部位	公式	155 / 80A	160 / 84A	165 / 88A	档差
前领宽 / 前领深	NL / 5－0.8	6.8	7	7.2	0.2
后领宽	NL / 5－0.3	7	7.5	7.7	0.2
后领深	—	2.5	2.5	2.5	0
前胸宽	0.15B + 2.7	15.9	16.5	17.1	0.6
后背宽	0.15B + 4.2	17.4	18	18.6	0.6
后腰线→袖窿深线	测量	15.8	16.1	16.4	0.3
BP 点→上平线	H / 10 + B* / 10	23.5	24.4	25.3	0.9
BP 点→前中线	B / 10 + 0.5	9.3	9.7	10.1	0.4
袖窿弧长	B / 2－2 + 0.6	42.6	44.6	46.6	2
后省尖点→上平线	B / 10 + 2.5	18	18.5	19	0.5

1. 后片推板（图 3-14）

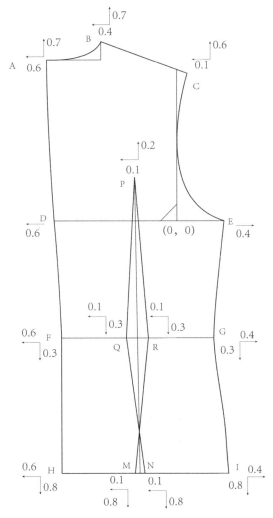

图 3-14　衣身工业原型后片推板

后片选取背宽线为纵向长度方向基准线,袖窿深线为横向围度方向基准线。

D 点位于横向基准线上,所以 D 点纵向位移量为 0,D 点横向长度距离基准线为背宽长度 = 0.15B + 4.2 cm,所以 D 点横向位移量为△D = 0.15 × △胸围 = 0.6 cm。

袖窿深点 E 点位于横向基准线上,所以 E 点的纵向位移量为 0,DE 长度档差 = △胸围 / 4 = 1 cm,D 点的横向位移量为 0.6 cm,所以 E 点的横向位移量为 1 cm − 0.6 cm = 0.4 cm。

侧颈点 B 点:后腰线→上平线距离为 H / 5 + 8.5 cm = 40.5 cm,档差为 1 cm,表 3-5 中后腰线→袖窿深线档差为 0.3 cm,得到侧颈点 B 点纵向位移量为 0.7 cm;B 点横向长度距离后中线为后领宽,后领宽档差为 0.2 cm,后中线向左移动 0.6 cm,所以 B 点横向位移量为 0.6 cm − 0.2 cm = 0.4 cm。

后领中 A 点:A 点纵向长度距离 B 点为后领深的高度,后领深在不同身高的人体中变化很小,档差可近似为 0,因此 A 点纵向位移量△A = △B,取 0.7 cm;A 点横向位移量与 D 点相同,取 0.6 cm。

肩点 C 点:C 点距离基准线没有直接的计算关系,需要综合考虑。横向根据人体肩宽的档差 1 cm,C 点距离后中线档差是 0.5 cm,由于 A 点向左移动 0.6 cm,所以 C 点横向位移量为向左移动 0.1 cm。纵向考虑袖窿弧长档差为 1 cm,E 点向右水平移动 0.4 cm,要使袖窿弧长增加 1 cm,C 点纵向位移量 △C 近似取 0.6 cm。

F 点位于腰围线上,表 3-5 中后腰线→袖窿深线档差为 0.3 cm,所以腰线上的 F、Q、R、G 点纵向位移量为 0.3 cm。另外对比文化式原型,背长档差为 1 cm,A 点纵向位移量为 0.7 cm,所以 F 点纵向位移量为 0.3 cm。不同的制板方法都是以人体为基准的,推板时符合人体变化规律,可相互验证。F 点横向位移量与 D 点相同,取 0.6 cm。

G 点与 F 点同理,纵向位移量为 0.3 cm,G 点横向位移量同 E 点,为 0.4 cm。

H 点位于臀围线上,腰围线到臀围线距离为 H / 10 + 2.5 cm,档差为△身高 / 10 = 0.5 cm。所以 H 点纵向位移量为 F 点纵向位移量△F + 0.5 cm = 0.8 cm,横向位移量与 D 点相同,取 0.6 cm。

I 点位于臀围线上,纵向位移量与 H 点相同,为 0.8 cm,横向位移量同 E 点,为 0.4 cm。

省道位置 Q 点与 R 点:Q 点与 R 点位于腰围线上,纵向位移量为 0.3 cm。因为省道位置在腰线中间位置,从 M 码推 L 码时,F 点向左移动 0.6 cm,G 点向右移动 0.4 cm,为了保证 L 码样板省道仍在腰线中间,所以 Q 点与 R 点均向左移动 0.1 cm。

省尖点 P 点距离上平线 H / 10 + 2.5 cm,距离上平线档差为△身高 / 10 = 0.5 cm,所以 P 点距离横向基准线档差为 0.2 cm,纵向位移量为 0.2 cm,横向位移量同 Q 点与 R 点,为 0.1 cm。

M 点与 N 点纵向位移量与 H 点、I 点相同,为 0.8 cm,横向位移量与省道 Q 点与 R 点一致,为 0.1 cm。M 点与 N 点有交叉,是为了保证臀围的大小,此样板不能直接做衣服,需要再次处理。

后肩胛省在实际服装中一般不单独存在,均通过衣身平衡被转化到分割线中或者作为松量处理,所以此样板后肩胛省没有保留在肩部,而是放在袖窿位置,方便省道转移与样板后续处理,单独推板没有实际意义。

2. 前片推板(图 3-15)

前片选取胸宽线为纵向长度方向基准线,袖窿深线为横向围度方向基准线。

D_1 点位于横向基准线上,所以 D_1 点纵向位移量为 0,D_1 点纵向长度距离基准线为胸宽长度 = 0.15B + 2.7 cm,所以 D_1 点横向位移量为△D_1 = 0.15 × △胸围 = 0.6 cm。

袖窿深点 E_1 点位于横向基准线上,所以 E_1 点纵向位移量为 0,D_1E_1 长度档差 = △胸围 / 4 = 1 cm,D_1 点横向位移量为 0.6 cm,所以 E_1 点横向位移量为 1 cm − 0.6 cm = 0.4 cm。

肩颈点 B_1 点:B_1 点纵向长度距离基准线与 H / 5 有直接关系,纵向位移量为△B_1,同 B 点,取 0.7 cm;B_1 点横向长度距离前中线为前领宽,前领宽档差为△胸围 / 20 = 0.2 cm,前中线向右移动

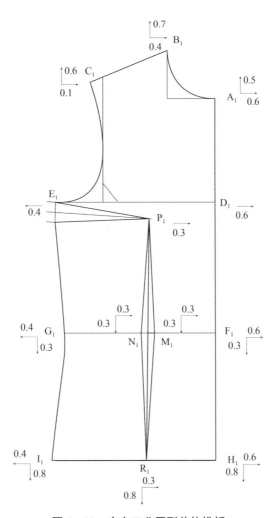

图 3-15　衣身工业原型前片推板

0.6 cm，所以 B_1 点横向位移量为 0.4 cm。

　　前领中 A_1 点：A_1 点纵向长度距离上平线为前领深的距离，前领深档差为△胸围 / 20 = 0.2 cm，所以 A_1 点纵向位移量为△A_1 = △B_1 − 0.2 cm = 0.5 cm；A_1 点在前中线上，所以横向位移量同 D_1 点，为 0.6 cm。

　　前肩点 C_1 点：C_1 点推板方法参考后片 C 点，纵向位移量△C_1 近似取 0.6 cm，由于 A_1 点向右移动 0.6 cm，所以 C_1 点横向位移量为向右移动 0.1 cm。

　　F_1 点位于腰围线上，腰围线距离上平线与 H / 5 有直接关系，档差是 1 cm，因为 B_1 点纵向位移量为 0.7 cm，所以腰线上的 F_1、M_1、N_1、G_1 点纵向位移量为 1 cm − 0.7 cm = 0.3 cm。F_1 点横向位移量与 D 点相同，取 0.6 cm。

　　G_1 点与 F_1 点同理，纵向位移量为 0.3 cm，G_1 点横向位移量同 E_1 点，为 0.4 cm。

　　H_1 点位于臀围线上，腰围线到臀围线的距离为 H / 10 + 2.5 cm，档差为△身高 / 10 = 0.5 cm。所以 H_1 点纵向位移量为 F_1 点纵向位移量△F_1 + 0.5 cm = 0.8 cm，横向位移量与 D_1 点相同，取 0.6 cm。

　　I_1 点位于臀围线上，纵向位移量与 H_1 点相同，为 0.8 cm，横向位移量同 E_1 点，为 0.4 cm。

　　前腰省 M_1 点与 N_1 点位于腰线上，纵向位移量与 F_1 点、G_1 点相同，为 0.3 cm，因为省道在腰线的中间位置，横向位移量应该向右移动 0.1 cm，在实际推板时，考虑两条腰省的视觉效果，可以使两条线的距离更靠近，取位移量为 0.3 cm。

　　R_1 点位于臀围线上，纵向位移量与 H_1 点相同，为 0.8 cm，横向位移量同 M_1、N_1 点，为 0.3 cm。

省尖点 P_1 在实际保留省道运用时需要调整位置，转省成缝运用时此处推板没有意义，所以 P_1 点纵向位移可以不动，P_1 横向位移量同 M_1、N_1 点，为 0.3 cm。

另外胸省处的推板，可以采取角平分线推板，在 E_1 点位置省道两端沿着省道角平分线平行方向向外延长 0.4 cm。

3. 袖子推板（图3-16）

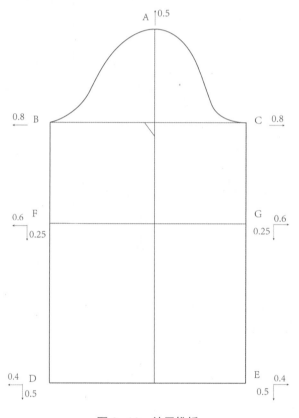

图 3-16　袖子推板

在绘制此衣身原型时，袖窿弧长等于胸围 /2-2 cm，袖窿的档差就约等于胸围档差的一半，这里我们取袖窿的档差为 2 cm。把袖肥线作为横向基准线，袖中线作为纵向基准线。

B、C 点：由于 B、C 点在横向基准线上，所以 B 点、C 点纵向位移量为 0。根据衣身原型窿门宽（后背宽线到前胸宽线）的变化量确定 B 点和 C 点在围度方向上的变化量，根据衣身推板数据，窿门宽档差为 0.8 cm，考虑到袖子与衣身的配伍性，使袖肥的增减与衣身围度的增减相匹配，袖口的档差取 0.8 cm，袖肥的档差为 1.6 cm，所以 B 点和 C 点横向位移量为 0.8 cm。

袖山顶点 A：根据袖窿的档差为 2 cm，B 点、C 点位移量为 0.8 cm 时，袖山弧线保型性好，线条圆顺的原则确定 A 点纵向位移量为 $\Delta A = 0.5$ cm。因为袖山顶点 A 在纵向基准线上，所以 A 点横向位移量为 0。

袖口线上 D、E 点：由于这些点距离基准线都是一个袖长减去一个袖山高，所以 D、E 点在长度方向的变化量为 $\Delta D = \Delta E = 0.5$ cm；袖口的档差为 0.8 cm，所以 D 点和 E 点的横向位移量为 0.4 cm。

袖肘线上 F 点和 G 点：根据袖肘线 PQ 的绘制方法，P 点和 Q 点在长度方向上的变化量为 $\Delta P = \Delta Q = 0.25$ cm，横向变化量为袖肥与袖口变化量的均值，为 0.6 cm，但实际绘制时以袖肥到袖口端点的连线（直线段）为准。

工业原型推板网状图见图 3-17。

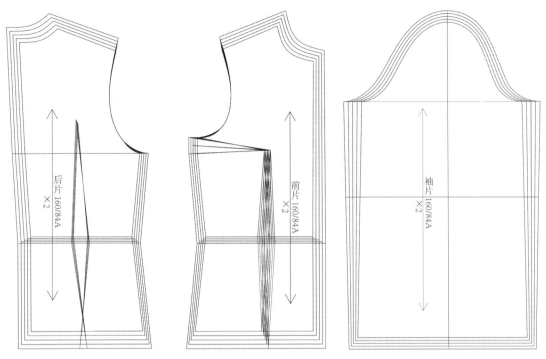

图 3-17 工业原型推板网状图

思考与练习

根据原型推板原理与方法完成图 3-18 所示四开身样板的推板。

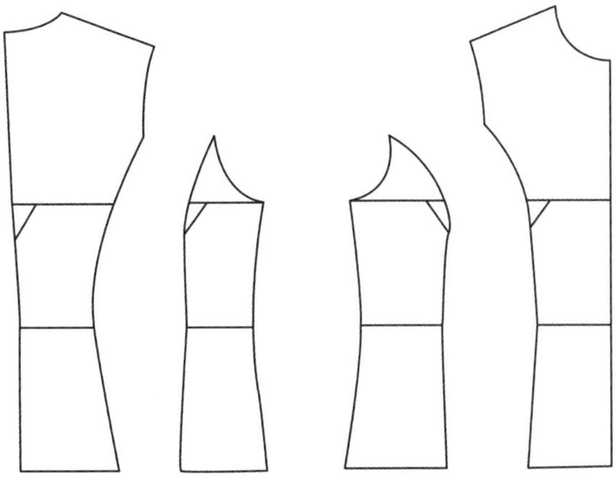

图 3-18 四开身原型样板图

第四章

裙装工业制板与推板

第一节 直 筒 裙

一、款式说明

直筒裙，也称西服裙，是基础的半身裙款式。臀围至裙摆几乎成一条直线，外形似筒状，分一个前片和两个后片，绱腰，后开衩，装拉链，前后共收八个省。图4-1是直筒裙款式图。

图4-1 直筒裙款式图

二、规格设计（160/66A）

裙长：L=55 cm+3 cm（腰头）=58 cm。

腰围：W=W*+2 cm=68 cm。

臀围：H=H*+4 cm=92 cm。

三、成品规格尺寸

直筒裙成品规格尺寸见表4-1。

表 4-1　直筒裙成品规格　　　　　　　　　　　　　　　　　　　　　　　　　　　　　单位：cm

部位	150/58A	155/62A	160/66A	165/70A	170/74A	档差
裙长	54	56	58	60	62	2
腰围	60	64	68	72	76	4
臀围	84	88	92	96	100	4
直档	17	17.5	18	18.5	19	0.5

四、基本样板绘制（图 4-2）

直筒裙制板

（一）后裙片

（1）绘制基础框架：水平尺寸为臀围 /2，纵向尺寸为裙长 −3 cm。

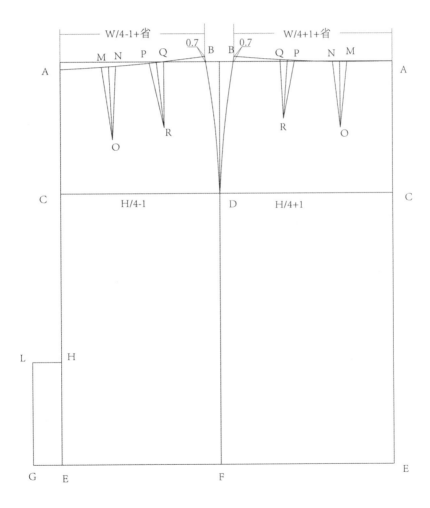

图 4-2　直筒裙结构图

（2）绘制臀围线与侧缝分界线：距离腰围线 18 cm 画臀围线，参照前中心线，距离臀围 /4+1 cm 画侧缝分界线。

（3）定后腰围大 = 腰围 /4−1 cm+4 cm（两个省道），侧缝起翘 0.7 cm，画顺后侧缝线。

（4）在腰围线与后中线交点处下落 1 cm，确定后腰中点，画顺后腰线。

（5）在后中线底摆处画出高 18 cm，宽 4 cm 的开衩。

（6）在后腰线三等分处设置两个 2 cm 的省道，靠近后中的省道长为 11 cm，靠近侧缝的省道长为 10 cm。

（二）前裙片

（1）定前腰围大 = 腰围 /4+1 cm+4 cm（两个省道），侧缝起翘 0.7 cm，画顺前侧缝线。

（2）腰围线与前中线交点为前腰中点，画顺前腰线。

（3）前腰线三等分处设置两个 2 cm 的省道，靠近前中的省道长为 10 cm，靠近侧缝的省道长为 9 cm。

（三）腰头

腰头水平长度 = 腰围 +2 cm（搭门宽），纵向长度 = 腰高 3 cm×2。

五、样板图（图 4-3）

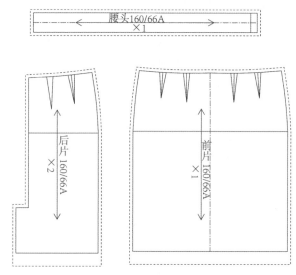

图 4-3　直筒裙样板

六、推板（图 4-4、图 4-5）

直筒裙推板

直筒裙推板首先应确定基准线和基准点。为了推板方便，选取臀围线为横向基准线，前、后中线为纵向基准线，两线交点为基准点。

（一）后片推板

后片推板数据见表 4-2，其中以 x 表示围度方向变化量，以 y 表示长度方向变化量，后文同理。

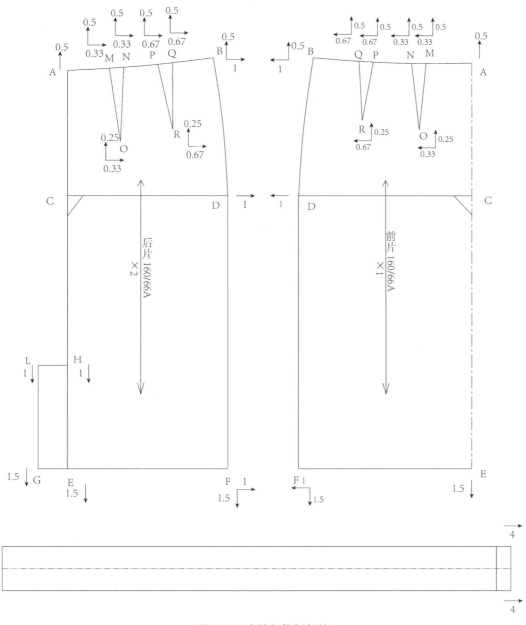

图 4-4　直筒裙推板数值

表 4-2　直筒裙后片推板数据

单位：cm

放码点	长度方向	围度方向	备注
C	0	0	基准点
A	0.5	0	$\Delta Ay = \Delta$ 直裆
B	0.5	1	$\Delta By = \Delta$ 直裆，$\Delta Bx = \Delta$ 腰围 /4
D	0	1	$\Delta Dx = \Delta H/4$
F	1.5	1	$\Delta Fy = \Delta L$，$\Delta Fx = \Delta$ 臀围 /4
E、G	1.5	0	$\Delta Fy = \Delta L$
H、L	1	0	$\Delta Hy = \Delta Ly = \Delta L - \Delta$ 后开衩（后开衩档差为 0.5）

（续表）

放码点	长度方向	围度方向	备注
M、N	0.5	0.33	该省道在距离围度方向基准线的 W/3 处，所以
O	0.25	0.33	$\Delta Mx=\Delta Nx=\Delta Ox=1/3\times\Delta W/4\approx0.33$，$\Delta My=\Delta Ny=\Delta$ 直裆，$\Delta Oy\approx\Delta$ 直裆 /2
P、Q	0.5	0.67	该省道在距离围度方向基准线的 2W/3 处，所以
R	0.25	0.67	$\Delta Px=\Delta Qx=\Delta Rx=2/3\times\Delta W/4\approx0.67$，$\Delta Py=\Delta Qy=\Delta$ 直裆，$\Delta Ry\approx\Delta$ 直裆 /2

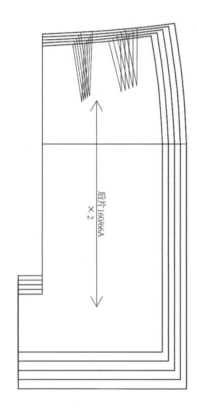
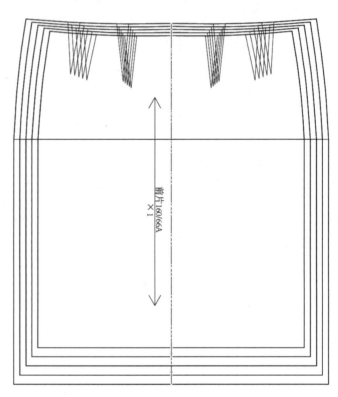

图 4-5　直筒裙推板网状图

（二）前片推板

前片推板数据见表 4-3。

表 4-3　直筒裙前片推板数据　　　　　　　　　　　　　　　　　　　　　　单位：cm

放码点	长度方向	围度方向	备注
C	0	0	基准点
A	0.5	0	$\Delta Ay=\Delta$ 直裆
B	0.5	1	$\Delta By=\Delta$ 直裆，$\Delta Bx=\Delta$ 腰围 /4
D	0	1	$\Delta Dx=\Delta$ 臀围 /4

（续表）

放码点	长度方向	围度方向	备注
F	1.5	1	$\Delta Fy=\Delta L$，$\Delta Fx=\Delta H/4$
E	1.5	0	$\Delta Fy=\Delta L$
M、N	0.5	0.33	该省道在距离围度方向基准线的 W/3 处，所以
O	0.25	0.33	$\Delta Mx=\Delta Nx=\Delta Ox\approx0.33$，$\Delta My=\Delta Ny=\Delta$ 直裆，$\Delta Oy\approx\Delta$ 直裆 /2
P、Q	0.5	0.67	该省道在距离围度方向基准线的 2W/3 处，所以
R	0.25	0.67	$\Delta Px=\Delta Qx=\Delta Rx\approx0.67$，$\Delta Py=\Delta Qy=\Delta$ 直裆，$\Delta Ry\approx\Delta$ 直裆 /2

（三）腰头推板

裙腰推板比较简单，一般在后腰中心处放出即可。

第二节　鱼尾裙

一、款式说明

本款式基于直筒裙的臀部以下做分割，使裙摆形成鱼尾造型，侧缝装隐形拉链。图 4-6 是鱼尾裙款式图。

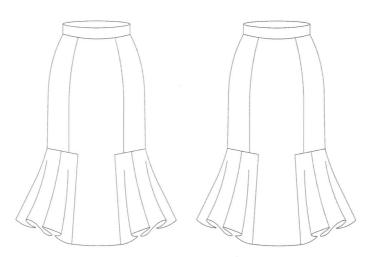

图 4-6　鱼尾裙款式图

二、规格设计（160/66A）

裙长：L = 55 cm + 3 cm（腰头）= 58 cm。

腰围：W = W* + 2 cm = 68 cm。

臀围：H = H* + 4 cm = 92 cm。

三、成品规格尺寸

鱼尾裙成品规格尺寸见表 4-4。

表 4-4　鱼尾裙成品规格　　　　　　　　　　　　　　　　　　　　　　　　　　　　　　　单位：cm

部位	150/58A	155/62A	160/66A	165/70A	170/74A	档差
裙长	54	56	58	60	62	2
腰围	60	64	68	72	76	4
臀围	84	88	92	96	100	4
直档	17	17.5	18	18.5	19	0.5

四、基本样板绘制（图 4-7）

鱼尾裙制板
与推板

（一）后裙片

（1）将两个 2 cm 的省道合并成 1 个省道，省道长为 11 cm。

（2）下摆上抬 18 cm，侧缝向内取 12 cm。

（3）省尖点向下作垂线至分割线。

（二）前裙片

（1）将两个 2 cm 的省道合并成 1 个省道，省道长为 10 cm。

（2）下摆上抬 18 cm，侧缝向内取 12 cm。

（3）省尖点向下作垂线至分割线。

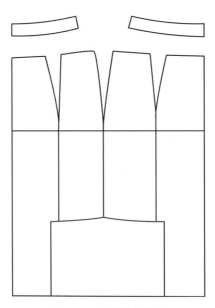

图 4-7　鱼尾裙结构图

五、样板图（图4-8）

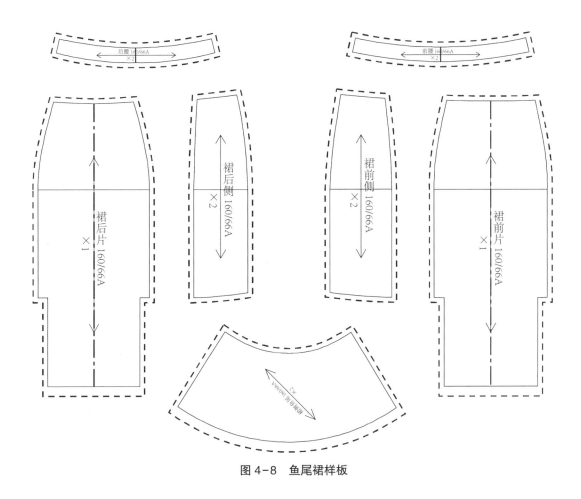

图4-8　鱼尾裙样板

六、推板（图4-9、图4-10）

　　鱼尾裙推板首先应确定基准线和基准点。为了推板方便，选取臀围线为横向基准线，前、后中线为纵向基准线，两线交点为基准点。

（一）后片推板

　　后片推板数据见表4-5。

表4-5　鱼尾裙后片推板数据　　　　　　　　　　　　　　　　　　　　　　　　　　　　　　　　　　单位：cm

放码点	长度方向	围度方向	备注
C	0	0	基准点
A	0.5	0	$\Delta Ay = \Delta$ 直裆
B	0.5	0.5	$\Delta By = \Delta Ay$，$\Delta Bx = \Delta Dx$
D	0	0.5	$\Delta Dx = \Delta$ 臀围 / 8

（续表）

放码点	长度方向	围度方向	备注
E	1.5	0	$\Delta Ey = \Delta L - \Delta Ay$
F	1.5	0.5	$\Delta Fy = \Delta Ey$，$\Delta Fx = \Delta Dx$
G、H	0.7	0.5	该点在距离长度方向基准线的 1/2 处左右，所以 $\Delta Gy = \Delta Hy = 0.7$，$\Delta Gx = \Delta Hx = \Delta Dx$
I	0.5	0.5	$\Delta Iy = \Delta Ay$
J	0.5	1	$\Delta Jy = \Delta Ay$
K	0	0.5	$\Delta Kx = \Delta Lx - \Delta Dx$
L	0	1	$\Delta Lx = \Delta$ 臀围 /4
M	0.7	0.5	$\Delta My = \Delta Gy$，$\Delta Mx = \Delta Kx$
N	0.5	1	该点在距离长度方向基准线的 1/3 处，所以 $\Delta Ny = \Delta Fy/3$，$\Delta Nx = \Delta Lx$

（二）前片推板

前片推板数据见表 4-6。

表 4-6　鱼尾裙前片推板数据　　　　　　　　　　　　　　　　　　　　　　单位：cm

放码点	长度方向	围度方向	备注
C	0	0	基准点
A	0.5	0	$\Delta Ay = \Delta$ 直裆
B	0.5	0.5	$\Delta By = \Delta Ay$，$\Delta Bx = \Delta Dx$
D	0	0.5	$\Delta Dx = \Delta$ 臀围 /8
E	1.5	0	$\Delta Ey = \Delta$ 裙长 $- \Delta Ay$
F	1.5	0.5	$\Delta Fy = \Delta Ey$，$\Delta Fx = \Delta Dx$
G、H	0.7	0.5	该点在距离长度方向基准线的 1/2 处左右，所以 $\Delta Gy = \Delta Hy = \Delta Fy/2 \approx 0.7$，$\Delta Gx = \Delta Hx = \Delta Dx$
I	0.5	0.5	$\Delta Iy = \Delta Ay$
J	0.5	1	$\Delta Jy = \Delta Ay$
K	0	0.5	$\Delta Kx = \Delta Lx - \Delta Dx$
L	0	1	$\Delta Lx = \Delta$ 臀围 /4
M	0.7	0.5	$\Delta My = \Delta Gy$，$\Delta Mx = \Delta Kx$
N	0.5	1	该点在距离长度方向基准线的 1/3 处，所以 $\Delta Ny = \Delta Fy/3$，$\Delta Nx = \Delta Lx$

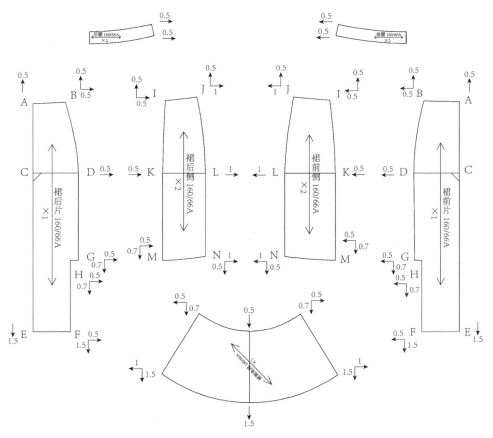

图 4-9　鱼尾裙推板数值

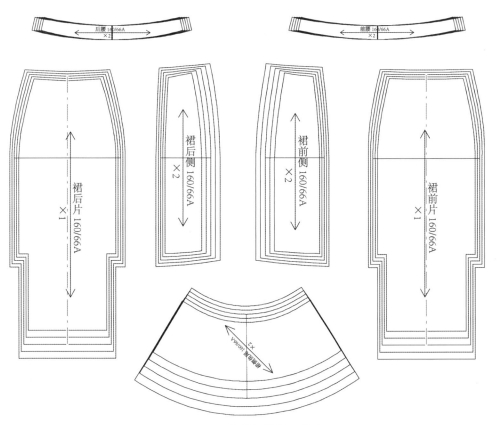

图 4-10　鱼尾裙推板网状图

八 片 裙

一、款式说明

八片裙，也称鱼尾裙。本款式基于直筒裙做变化，裙摆展开像鱼尾造型，侧缝装隐形拉链。图 4-11 是八片裙款式图。

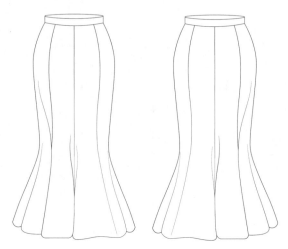

图 4-11 八片裙款式图

二、规格设计（160 / 66A）

裙长：L = 55 cm+3 cm（腰头）= 58 cm。
腰围：W = W*+2 cm = 68 cm。
臀围：H = H*+4 cm = 92 cm。

三、成品规格尺寸

八片裙成品规格尺寸见表 4-7。

表 4-7 八片裙成品规格 单位：cm

部位	150 / 58A	155 / 62A	160 / 66A	165 / 70A	170 / 74A	档差
裙长	54	56	58	60	62	2
腰围	60	64	68	72	76	4
臀围	84	88	92	96	100	4
直裆	17	17.5	18	18.5	19	0.5

四、样板绘制（图4-12）

（一）后裙片

（1）将两个2 cm的省道合并成一个3 cm大小省道，省道长为11 cm，剩余省量1 cm挪至后中。

（2）省尖点向下作垂线至下摆，每片裙摆两侧分别放出4 cm，起翘1 cm，画顺底摆和侧缝。

（二）前裙片

（1）将两个2 cm的省道合并成一个3 cm大小省道，省道长为10 cm，剩余省量1 cm挪至前中。

（2）省尖点向下作垂线至下摆，每片裙摆两侧分别放出4 cm，起翘1 cm，画顺底摆和侧缝。

八片裙制板
与推板

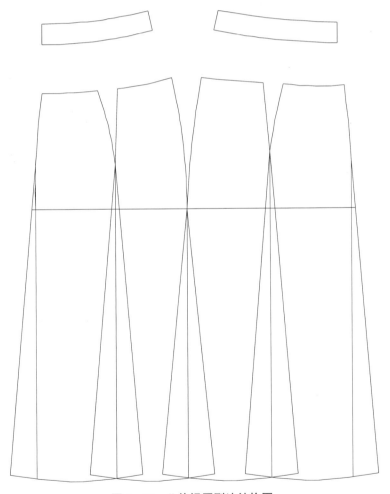

图4-12　八片裙原型法结构图

五、样板图（图4-13）

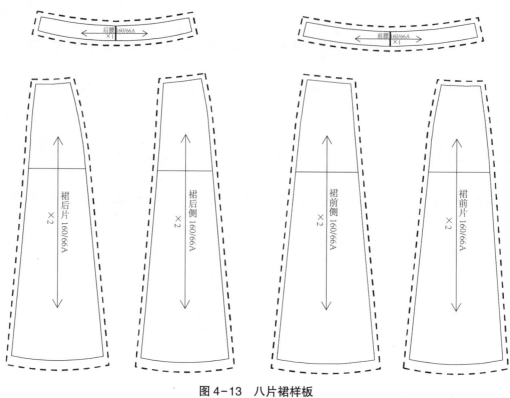

图4-13　八片裙样板

六、推板（图4-14、图4-15）

八片裙推板首先应确定基准线和基准点。为了推板方便，选取臀围线为横向基准线，左前、右后中线为纵向基准线，两线交点为基准点。

（一）后片推板

后片推板数据见表4-8。

表4-8　八片裙后片推板数据　　　　　　　　　　　　　　　　　　　　　　　　单位：cm

放码点	长度方向	围度方向	备注
D、I	0	0	基准点
A、H	0.5	0.25	该点在距离围度方向基准线的 1/2 处，所以 $\Delta Ax = \Delta Hx = \Delta Cx/2$，$\Delta Ay = \Delta Hy = \Delta$ 直裆
B、G	0.5	0	$\Delta By = \Delta Gy = \Delta Ay$
C、J	0	0.5	$\Delta Cx = \Delta Jx = \Delta$ 臀围 /8
E、L	1.5	0.5	$\Delta Ey = \Delta Ly = \Delta$ 裙长 $- \Delta Ay$，$\Delta Ex = \Delta Lx = \Delta Cx$
F、K	1.5	0	$\Delta Fy = \Delta Ky = \Delta Ey$

（二）前片推板

前片推板数据见表4-9。

表 4-9　八片裙前片推板数据　　　　　　　　　　　　　　　　　　　　　　　单位：cm

放码点	长度方向	围度方向	备注
D、I	0	0	基准点
A、H	0.5	0.25	腰围档差是2，该点在距离围度方向基准线的1/2处，所以 $\Delta Ax = \Delta Hx = \Delta Cx / 2$，$\Delta Ay = \Delta Hy = \Delta$ 直档
B、G	0.5	0	$\Delta By = \Delta Gy = \Delta Ay$
C、J	0	0.5	$\Delta Cx = \Delta Jx = \Delta$ 臀围 / 8
E、L	1.5	0.5	$\Delta Ey = \Delta Ly = \Delta$ 裙长 $- \Delta Ay$，$\Delta Ex = \Delta Lx = \Delta Cx$
F、K	1.5	0	$\Delta Fy = \Delta Ky = \Delta Ey$

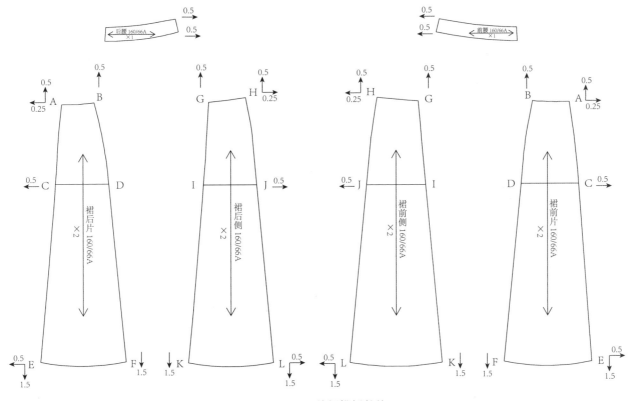

图 4-14　八片裙推板数值

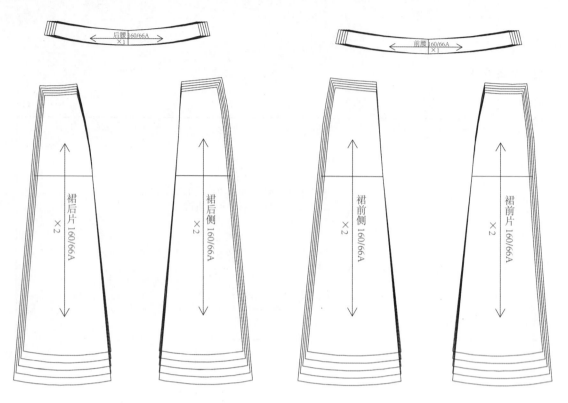

图 4-15　八片裙推板网状图

思考与练习

请完成图 4-16 所示育克裙的制板与推板。

图 4-16　育克裙款式图

第五章

女裤装工业制板与推板

第一节　经典款女西裤

一、款式说明

经典款女西裤，装腰型直腰头，前中开门襟装拉链。前裤片左右各有一个褶裥和一个省道，后裤片左右各有两个省道。裤管略呈锥形，裤型修长挺拔。图 5-1 是经典款女西裤款式图。

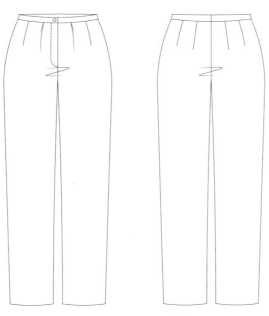

图 5-1　经典款女西裤款式图

二、规格设计（160/66A）

裤长：TL=100 cm。

腰围：W=68 cm。

臀围：H=96 cm。

裤口：SB=22 cm。

三、成品规格尺寸

经典款女西裤成品规格尺寸见表 5-1。

表 5-1　经典款女西裤成品规格　　　　　　　　　　　　　　　　　　　　　　　　　　　　　单位：cm

部位	150/58A	155/62A	160/66A	165/70A	170/74A	档差
裤长	94	97	100	103	106	3
腰围	60	64	68	72	76	4
臀围	88	92	96	100	104	4
裤口	20	21	22	23	24	1
立裆深	22	22.5	23	23.5	24	0.5

四、基本样板绘制（图 5-2）

经典款女西裤制板

（一）前片

（1）绘制基础框架：框架宽为 H / 4 − 1 cm，框架长为裤长 − 3 cm。

（2）右框架线平行向左 H / 4 − 1 cm，画出横裆线；右框架线平行向左 55 cm，画出中裆线。

（3）将上裆长三等分，靠近横裆线的第一等分点向上作垂线，画出臀围线。

（4）将横裆线向上延长 H / 20 − 1 cm，确定前裆宽点。

（5）以横裆线与下平线的交点上抬 0.7 cm 为起点，将到前裆宽点的距离两等分，过等分点作下平线的平行线，即为烫迹线。

（6）以脚口线与烫迹线的交点为中点，将脚口大 − 2 cm 的量两边平分，连接前裆宽点，与中裆点的交点偏进 1 cm，测量该点到烫迹线的距离，再向下取一份的量，连接脚口，画顺侧缝线。

（7）以腰口线与上平线的交点偏下 1 cm，再向左 1 cm 为起点，找到距离为 W / 4 − 1 cm + 3 cm + 2 cm 的另一点，两点连接，即为前腰围线。

（8）以前裆宽线与上平线的交点为起点作夹角为 45° 的辅助线，长度为 2.5 cm，画顺前裆弧线。

（9）在前腰围线上，烫迹线向上 0.7 cm（连接于臀围线与烫迹线的交点），再向下 3 cm，即为褶裥位。以该点为起点，将其到侧缝的距离两等分，等分点向左作垂线，省长为 9 cm，省大为 2 cm。

（二）后片

（1）向上延长纵向基础线，并绘制框架宽为 H / 4 + 1 cm。

（2）后横裆线在前横裆线的基础上向左平移 1 cm。

（3）以臀围线和下平线的交点为起点，比值取 15 ∶ 3 为斜度，向左交于横裆线，向右交于右框架线并上翘 2 cm，画出后裆斜线。

（4）横裆线与后裆斜线的交点向下延长 H / 10，即为后裆宽。以后裆宽线与后裆斜线的交点为起点作角平分线的辅助线，长度为 2 cm，画顺后裆弧线。

（5）将后裆宽点到上平线的距离两等分，过等分点作上平线的平行线，即为烫迹线。

（6）以脚口线与烫迹线的交点为中点，将脚口大＋2 cm的量两边平分；以中裆线与烫迹线的交点为中点，左右各量前中裆大＋2 cm，连接脚口，画顺侧缝线。

（7）以后裆弧线的右顶点为起点，作斜线交于右框架线上，斜线长为 W／4＋1 cm＋4 cm。

（8）将后腰围线三等分，等分点位置即省道位。靠近后侧的省道长为10 cm，靠近后中的省道长为11 cm，省大均为2 cm。

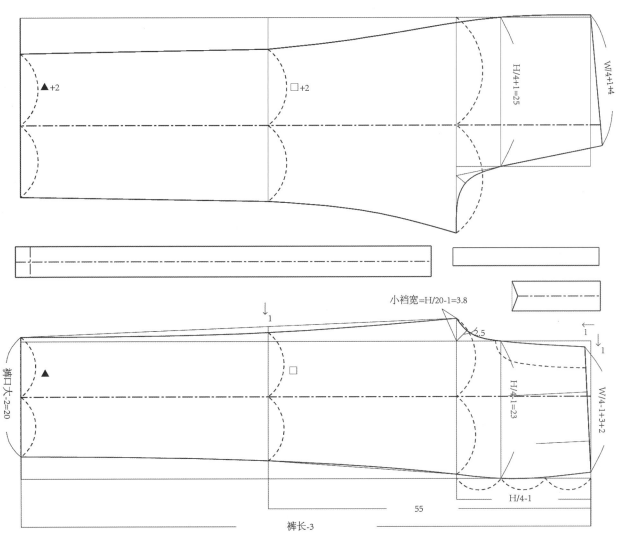

图5-2　经典款女西裤结构图

五、样板图（图5-3）

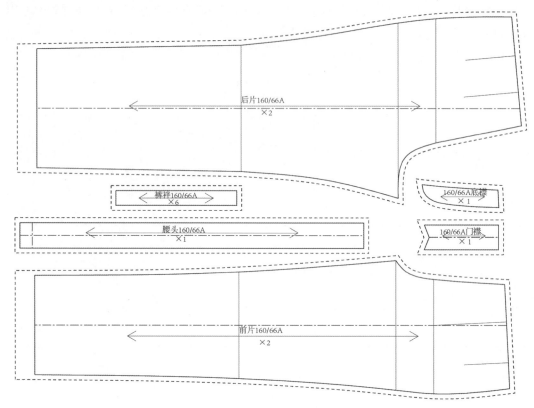

后片160/66A
×2

裤袢160/66A
×6

160/66A底襻
×1

腰头160/66A
×1

160/66A门襻
×1

前片160/66A
×2

图5-3　经典款女西裤样板

六、推板（图5-7）

（一）前片推板

经典款女西
裤推板

一般情况下，经典款女西裤前片推板选取烫迹线为横向基准线，横裆线为纵向基准线，两线交点为基准点。前片推板数据见表5-2，前片推板数值如图5-4所示。

表5-2　经典款女西裤前片推板数据
单位：cm

放码点	长度方向	围度方向	备注
A	0.4	0.5	$\Delta Ay = 0.4$（Δ 腰围 $/4 = 1$，根据长度比例分配），$\Delta Ax = \Delta$ 立裆深
B	0.6	0.5	$\Delta By = \Delta$ 腰围 $/4 - \Delta Ay$，$\Delta Bx = \Delta Ax$
C	0.4	0.17	该点在距离长度方向基准线的 $3/5$ 处，所以 $\Delta Cx = 3/5 \times \Delta$ 立裆深 ≈ 0.17，$\Delta Cy = \Delta Ay$
D	0.6	0.17	$\Delta Dy = \Delta By$，$\Delta Dx = \Delta Cx$
E、F	0.45	0	$\Delta Ey = \Delta Fy = 0.45$（根据前后长度比例分配）
G、H	0.25	2.5	$\Delta Gy = \Delta Hy = \Delta$ 裤口 $/2$，$\Delta Gx = \Delta Hx = \Delta$ 裤长 $- \Delta Ax$
I、J	0.25	1.2	$\Delta Iy = \Delta Jy = \Delta Gy = \Delta Hy$， 该点在距离围度方向基准线的 $1/2$ 处左右，所以 $\Delta Ix = \Delta Jx = \Delta Gx/2 \approx 1.2$

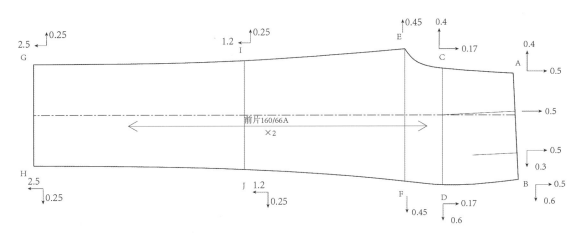

图 5-4 经典款女西裤前片推板数值

（二）后片推板

一般情况下，经典款女西裤后片推板选取烫迹线为横向基准线，横裆线为纵向基准线，两线交点为基准点。后片推板数据见表 5-3，后片推板数值如图 5-5 所示。

表 5-3 经典款女西裤后片推板数据
单位：cm

放码点	长度方向	围度方向	备注
A_1	0.8	0.5	$\Delta A_1 y = 0.8$（Δ 腰围 / 4 = 1，根据长度比例分配），$\Delta A_1 x = \Delta$ 立裆深
B_1	0.2	0.5	$\Delta B_1 y = \Delta$ 腰围 / 4 − $\Delta A_1 y$，$\Delta B_1 x = \Delta A_1 x$
C_1	0.8	0.17	该点在距离长度方向基准线的 3 / 5 处，所以 $\Delta C_1 x = 0.17$，$\Delta C_1 y = \Delta A_1 y$
D_1	0.2	0.17	$\Delta D_1 y = \Delta B_1 y$，$\Delta D_1 x = \Delta C_1 x$
E_1、F_1	0.55	0	$\Delta E_1 y = \Delta F_1 y = 0.55$（根据前后长度比例分配）
G_1、H_1	0.25	2.5	$\Delta G_1 y = \Delta H_1 y = \Delta$ 裤口 / 2，$\Delta G_1 x = \Delta H_1 x = \Delta$ 裤长 − $\Delta A_1 x$
I_1、J_1	0.25	1.2	$\Delta I_1 y = \Delta J_1 y = \Delta G_1 y = \Delta H_1 y$， 该点在距离长度方向基准线的 1 / 2 处左右，所以 $\Delta I_1 x = \Delta J_1 x = 1.2$

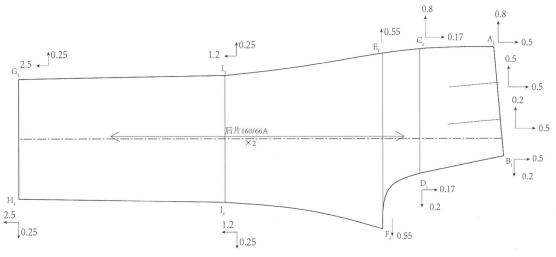

图 5-5 经典款女西裤后片推板数值

（三）裤腰、门襟等零部件推板

经典款女西裤裤腰、门襟等零部件推板比较简单。女西裤裤腰、门襟等零部件推板数值如图5-6所示。

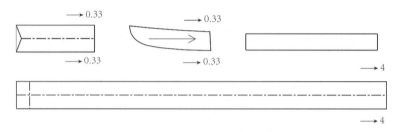

图5-6 经典款女西裤裤腰、门襟等零部件推板数值

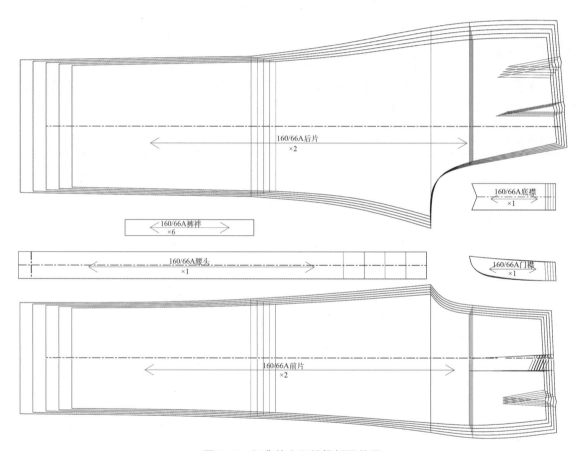

图5-7 经典款女西裤推板网状图

第二节 变化款女西裤

一、款式说明

变化款女西裤，装腰型弧腰头。前中开门襟装拉链，前后裤片左右各有一个省道，无侧缝。图5-8

图 5-8 变化款女西裤款式图

是变化款女西裤的款式图。

二、规格设计（160 / 66A）

裤长：TL = 103 cm。

腰围：W = 70 cm。

臀围：H = 92 cm。

裤口：SB = 17.5 cm。

三、成品规格尺寸

变化款女西裤成品规格尺寸见表 5-4。

表 5-4 变化款女西裤成品规格 单位：cm

部位	150 / 58A	155 / 62A	160 / 66A	165 / 70A	170 / 74A	档差
裤长	97	100	103	106	109	3
腰围	62	66	70	74	78	4
臀围	84	88	92	96	100	4
裤口	15.5	16.5	17.5	18.5	19.5	1
立档深	24.5	25	25.5	26	26.5	0.5

四、基本样板绘制（图5-9）

变化款女西裤制板

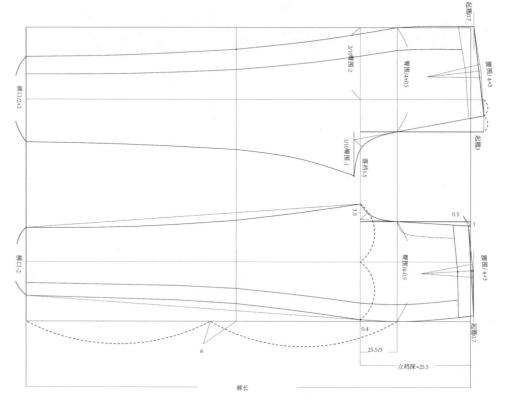

图5-9　变化款女西裤结构图

五、样板图（图5-10）

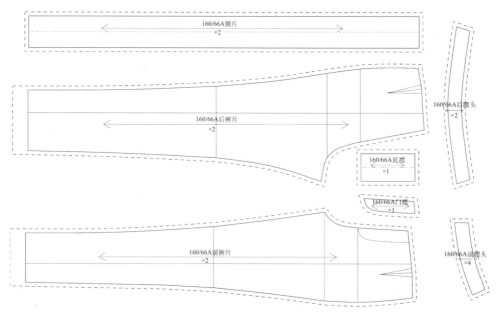

图5-10　变化款女西裤样板

六、推板（图5-14）

（一）前片推板

变化款女西裤推板

一般情况下，变化款女西裤前片推板选取烫迹线为横向基准线，横裆线为纵向基准线，两线交点为基准点。前片推板数据见表5-5，前片推板数值如图5-11所示。

表5-5　变化款女西裤前片推板数据　　　　　　　　　　　　　　　　　　　　　　　　　　单位：cm

放码点	长度方向	围度方向	备注
A、B	0.4	0.5	$\Delta Ay = \Delta By = 0.4$（$\Delta$腰围$=1$，根据长度比例分配），$\Delta Ax = \Delta Bx = \Delta$立裆深
C、D	0.4	0.17	$\Delta Cy = \Delta Dy = \Delta Ay = \Delta By$，该点在距离长度方向基准线的3／5处，所以 $\Delta Cx = \Delta Dx = 0.17$
E	0.45	0	$\Delta Ey = 0.45$（根据前后长度比例分配）
F	0.35	0	$\Delta Fy = 0.35$（根据前后长度比例分配）
G	0.25	2.5	$\Delta Gy = \Delta$裤口／2，$\Delta Gx = \Delta$裤长$-\Delta Ax$
H	0.05	2.5	$\Delta Hy = \Delta$裤口／$2-0.2$，$\Delta Hx = \Delta Gx$
I	0.25	1.2	该点在距离长度方向基准线的1／2处左右，所以 $\Delta Ix = 1.2$，$\Delta Iy = \Delta Gy$
J	0.05	1.2	$\Delta Jy = \Delta Hy$，$\Delta Jx = \Delta Ix$

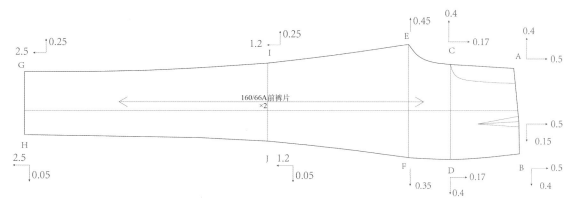

图5-11　变化款女西裤前片推板数值

（二）后片推板

一般情况下，变化款女西裤后片推板选取烫迹线为横向基准线，横裆线为纵向基准线，两线交点为基准点。后片推板数据见表5-6，后片推板数值如图5-12所示。

表5-6　变化款女西裤后片推板数据　　　　　　　　　　　　　　　　　　　　　　　　　　单位：cm

放码点	长度方向	围度方向	备注
A_1	0.6	0.5	$\Delta A_1 y = 0.6$（Δ腰围$=1$，根据长度比例分配），$\Delta A_1 x = \Delta$立裆深
B_1	0.2	0.5	$\Delta B_1 y = \Delta$腰围$-\Delta A_1 y - 0.2$，$\Delta B_1 x = \Delta A_1 x$
C_1	0.6	0.17	该点在距离长度方向基准线的3／5处，所以 $\Delta C_1 x = 0.17$，$\Delta C_1 y = \Delta A_1 y$

（续表）

放码点	长度方向	围度方向	备注
D_1	0.2	0.17	$\Delta D_1y = \Delta B_1y$，$\Delta D_1x = \Delta C_1x$
E_1	0.45	0	$\Delta E_1y = 0.55$（根据前后长度比例分配）
F_1	0.55	0	$\Delta F_1y = 0.45$（根据前后长度比例分配）
G_1	0.05	2.5	$\Delta G_1y = \Delta$ 裤口 $/2 - 0.2$，$\Delta G_1x = \Delta$ 裤长 $- \Delta A_1x$
H_1	0.25	2.5	$\Delta H_1y = \Delta$ 裤口 $/2$，$\Delta H_1x = \Delta G_1x$
I_1	0.05	1.2	该点在距离长度方向基准线的 $1/2$ 处左右，所以 $\Delta I_1x = 1.2$，$\Delta I_1y = \Delta G_1y$
J_1	0.25	1.2	$\Delta J_1y = \Delta H_1y$，$\Delta J_1x = \Delta I_1x$

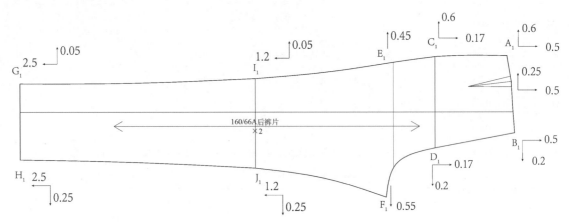

图 5-12　变化款女西裤后片推板数值

（三）侧片、裤腰、门襟等零部件推板

变化款女西裤侧片、裤腰、门襟等零部件推板比较简单。变化款女西裤侧片、裤腰、门襟等零部件推板数值如图 5-13 所示。

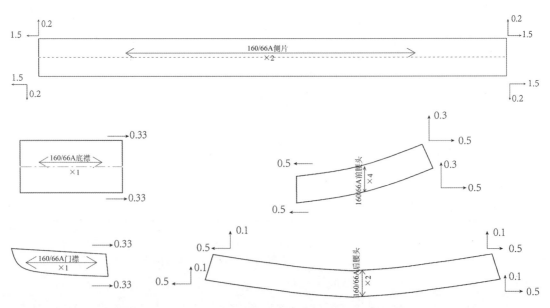

图 5-13　变化款女西裤侧片、裤腰、门襟等零部件推板数值

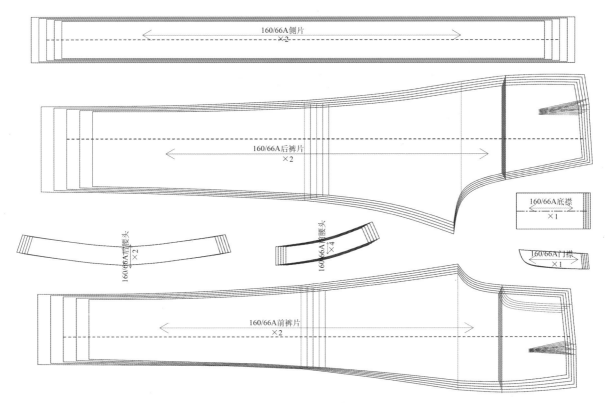

图 5-14　变化款女西裤推板网状图

思考与练习

请完成图 5-15 所示变化款女裤的制板与推板。

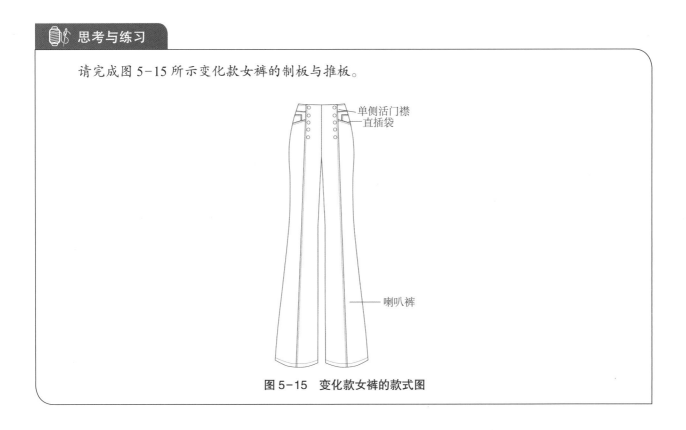

图 5-15　变化款女裤的款式图

第六章

女衬衫工业制板与推板

第一节　经典款女衬衫

一、款式说明

经典款女衬衫,领型为翻领,含领座、领面;衣身合体,前后片腰部收省道,前腋下收省,前中正开襟,钉扣;袖子为一片式装袖,装袖克夫,袖口开袖衩,设褶裥,钉扣。图6-1是经典款女衬衫的款式图。

图6-1　经典款女衬衫款式图

二、规格设计(160/84A)

胸围:B=B*+6 cm=90 cm。

腰围:W=W*+2 cm=74 cm。

臀围:HL=HL*+6 cm=94 cm。

三、成品规格尺寸

经典款女衬衫成品规格尺寸见表6-1。

表 6-1　经典款女衬衫成品规格　　　　　　　　　　　　　　　　　　　　　　　　　　　　　单位：cm

部位	150/76A	155/80A	160/84A	165/88A	170/92A	档差
衣长	54.5	56.5	58.5	60.5	62.5	2
胸围	82	86	90	94	98	4
腰围	66	70	74	78	82	4
臀围	86	90	94	98	102	4
袖长	55	56	57	58	59	1

四、基本样板绘制（图 6-2、图 6-3）

女衬衫原型的细部规格见表 6-2，其中 H 表示身高。女衬衫原型的绘制步骤参考第三章女装工业原型的绘制，区别是女衬衫原型的胸围是 90 cm，女装工业原型的胸围是 92 cm。

表 6-2　细部规格　　　　　　　　　　　　　　　　　　　　　　　　　　　　　　　　　　单位：cm

部位	前衣片	后衣片
胸围	（B / 2 + 2）/ 2 − 0.5 = 23	（B / 2 + 2）/ 2 + 0.5 = 24
腰围→臀围	H / 10 + 2.5 − 0.5 = 18	H / 10 + 2.5 − 0.5 = 18
腰围→上平线（侧颈点）	40	H / 5 + 8.5 − 1 = 39.5
领深	NL / 5 − 0.8 = 7	NL / 5 − 0.3 = 7.5
领宽	NL / 5 − 0.8 = 7	2.5
胸（背）宽	0.15B + 2.7 = 16.2	0.15B + 4.2 = 17.7
肩斜度	15：6	15：5.4
前冲肩	2	—
胸省量	3～3.4	—
BP 点	距离上平线：H / 10 + B* / 10 距离前中线：B / 10 + 0.5	—
后腰线→袖窿深线	—	H / 10
后肩胛省尖点	—	距离上平线 H / 10 + 2.5

（一）前片

（1）画前中基础线，作出上平线。

（2）从上平线向下量取 40 cm，作水平腰围线。

（3）从水平腰围线向上量取 19 cm，作水平胸围线；从水平腰围线向下量取 18 cm，作水平臀围线。

（4）在胸围线上定出前胸围大为 23 cm，作侧缝基础线。

（5）取前领宽、前领深 7 cm，画顺前领弧线。

女衬衫原型制板

经典款女衬衫衣身制板

（6）从上平线的侧颈点向左量取 15 cm，前肩落肩量为 6 cm，连接侧颈点。

（7）在胸围线上定出胸宽为 16.2 cm，向上作胸宽线。

（8）作胸宽线的垂线，长度为 2 cm，交于前肩线；将垂线至胸围线的长度三等分，在 2/3 等分点的基础上向上 1 cm；胸围线与胸宽线的交点作角平分线，长度为 2.5 cm，画顺袖窿弧线。

（9）从上平线向下量取 24.4 cm，前中线向左量取 9.7 cm，两线相交为 BP 点。

（10）胸围线与侧缝的交点向下 3 cm，两点分别连接 BP 点，画出腋下省。过腋下点向下作出侧缝弧线，在腰围线上，侧缝直线偏进 1.5 cm；在臀围线上，侧缝直线偏出 0.5 cm，画成流畅的弧线。

（11）经过 BP 点往下作垂线，分别与腰节线、下平线相交，腰省收 2 cm。

（二）后片

（1）延长胸围线，在前腰围线的基础上向上抬 3 cm，作水平腰围线。

（2）从水平腰围线向上量取 39.5 cm，作上水平线；从水平腰围线向下量取 18 cm，作水平臀围线。

（3）在胸围线上定出后胸围大为 24 cm，作后中基础线。

（4）取后领宽 7.5 cm、后领深 2.5 cm，画顺后领弧线。

（5）从上平线的侧颈点向右量取 15 cm，前肩落肩量为 5.4 cm，连接侧颈点。量取前小肩长 + 0.5 cm，确定肩点位置。

（6）在胸围线上定出背宽为 17.7 cm，向上作背宽线。

（7）过肩点作背宽线的垂线，将垂线至胸围线的长度两等分。胸围线与背宽线的交点作角平分线，长度为 3.5 cm，画顺袖窿弧线。

（8）过后颈点向下作出后背缝线，在胸围线上，后中直线偏进 1 cm；在腰围线、臀围线上，后中直线偏进 2 cm，画顺弧线。

（9）过腋下点向下作出侧缝弧线，在腰围线上，侧缝直线偏进 1.5 cm；在臀围线上，侧缝直线偏出 0.5 cm，画成流畅的弧线。

（10）从上平线向下量取 18.5 cm，作上平线的平行线。将后腰两等分，在臀围线上量取后腰宽 / 2 + 0.5 cm，两点连接延长至平行线，腰省收 3 cm，下摆收 1 cm。

（三）衬衫袖

（1）袖山高：将前后衣片侧缝合并，以侧缝向上的延长线作为袖山线。袖山高是以前后肩高度差的 1/2 到袖窿深线的 5/6 来确定。

（2）袖长线：自袖山点向下量取袖长 57 cm，画袖口基线。

（3）袖肥大：从袖山点分别量取前 AH−1 cm 和后 AH−0.5 cm，连接到袖窿深线确定袖肥。

经典款女衬 衫袖子制板　　经典款女衬 衫袖口＋领 子制板

（4）袖山弧线：袖山顶点左右分别取 5 cm，复制前后袖窿弧线，在袖窿深线的 1/6 处与之相切。以袖窿深线的 3/6 点为基点，作水平线，与相切线的交点连接袖山顶点；将此线两等分，中点连接上平线与切线的交点，画顺袖山弧线。

（四）衬衫领

衬衫领包括底领和上衣领。底领大 = 前领弧长 + 后领弧长，后中宽 3 cm，前领宽 2 cm，前领向上 2 cm 的倾斜度；上衣领后中宽 4 cm，前领造型可根据需要设计。

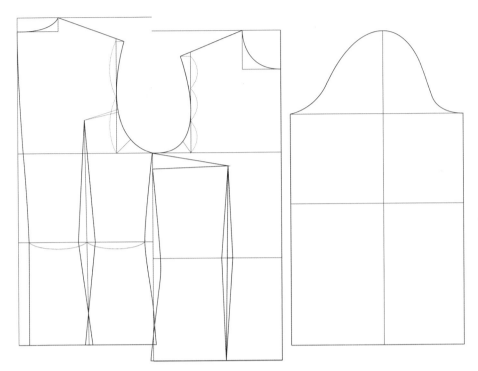

图 6-2　女衬衫原型结构图

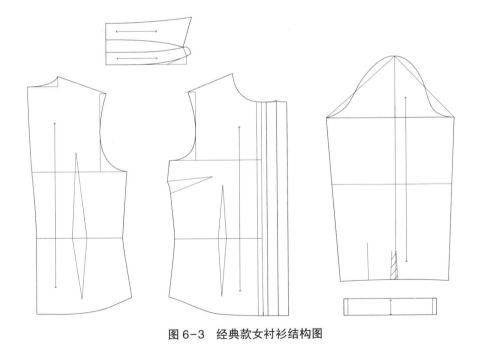

图 6-3　经典款女衬衫结构图

五、样板图（图6-4）

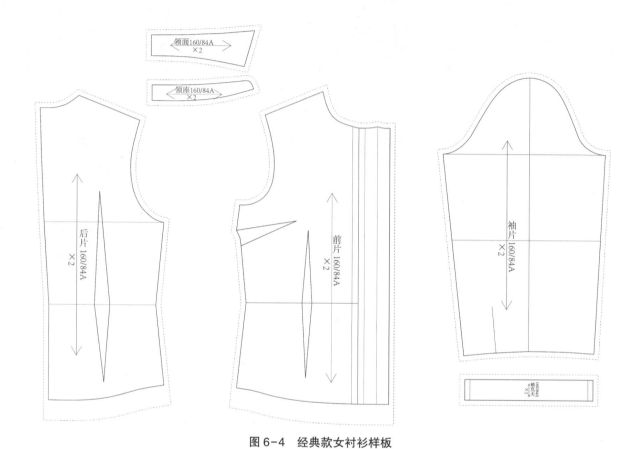

图6-4 经典款女衬衫样板

六、推板（图6-9）

经典款女衬衫推板首先应确定基准线和基准点。为了推板方便，前后衣片选取袖窿深线为横向基准线，胸宽线与背宽线为纵向基准线，两线交点为基准点；袖子选取袖肥线为横向基准线，袖中线为纵向基准线，两线交点为基准点。

经典款女衬衫推板

（一）后片推板

后片推板数据见表6-3，后片推板数值如图6-5所示。

表6-3 经典款女衬衫后片推板数据

单位：cm

放码点	长度方向	围度方向	备注
A	0.7	0.6	$\Delta Ay = \Delta$ 后腰线→上平线 $- \Delta Fy$，$\Delta Ax = \Delta Dx$
B	0.7	0.4	该点在距离围度方向基准线的2/3处，所以 $\Delta Bx = 2/3 \times \Delta$ 后背宽 ≈0.4，$\Delta By = \Delta Ay$
C	0.6	0.1	$\Delta Cy = \Delta$ 袖窿 $/2 - \Delta Ex$，$\Delta Cx = \Delta Ax - \Delta$ 肩宽

（续表）

放码点	长度方向	围度方向	备注
D	0	0.6	$\Delta Dx = \Delta$ 后背宽
E	0	0.4	$\Delta Ex = \Delta$ 框架宽$/2 - \Delta Dx$
F	0.3	0.6	$\Delta Fy = \Delta$ 后腰线→袖窿深线，$\Delta Fx = \Delta Dx$
G	0.3	0.4	$\Delta Gy = \Delta Fy$，$\Delta Gx = \Delta Ex$
H	0.8	0.6	$\Delta Hy = \Delta$ 腰围→臀围 $+ \Delta Fy$，$\Delta Hx = \Delta Dx$
I	0.8	0.4	$\Delta Iy = \Delta Hy$，$\Delta Ix = \Delta Ex$
P	0.2	0.1	该省道在后片$1/2$处，所以 $\Delta Px = (\Delta Dx - \Delta Ex)/2$，$\Delta Py = \Delta Ay - \Delta$ 后省尖点→上平线
Q、R	0.3	0.1	$\Delta Qy = \Delta Ry = \Delta Fy$，$\Delta Qx = \Delta Rx = \Delta Px$
M	0.7	0.1	该点在距离长度方向基准线的$7/8$处，所以 $\Delta My = 7/8 \times \Delta Hy = 0.7$，$\Delta Mx = \Delta Px$

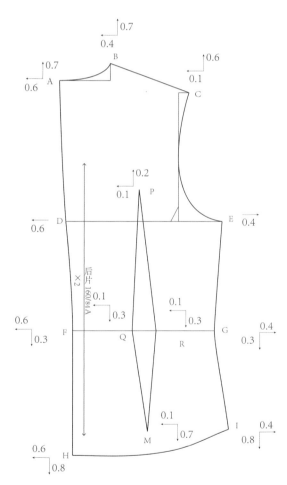

图 6-5　经典款女衬衫后片推板数值

（二）前片推板

前片推板数据见表 6-4，前片推板数值如图 6-6 所示。

表 6-4　经典款女衬衫前片推板数据　　　　　　　　　　　　　　　　　　　　　　　　　单位：cm

放码点	长度方向	围度方向	备注
A_1	0.5	0.6	$\Delta A_1y = \Delta B_1y - \Delta$ 前领深，$\Delta A_1x = \Delta D_1x$
B_1	0.7	0.4	$\Delta B_1y = \Delta$ 后腰线→上平线 $- \Delta F_1y$，$\Delta B_1x = \Delta A_1x - \Delta$ 前领宽
C_1	0.6	0.1	$\Delta C_1y = 0.6$（参考第三章原理），$\Delta C_1x = \Delta A_1x - \Delta$ 肩宽
D_1	0	0.6	$\Delta D_1x = \Delta$ 后背宽
E_1	0	0.4	$\Delta E_1x = \Delta$ 框架宽 $/2 - \Delta D_1x$
F_1	0.3	0.6	$\Delta F_1y = \Delta$ 后腰线→袖窿深线，$\Delta F_1x = \Delta D_1x$
G_1	0.3	0.4	$\Delta G_1y = \Delta F_1y$，$\Delta G_1x = \Delta E_1x$
H_1	0.8	0.6	$\Delta H_1y = \Delta$ 腰围→臀围 $+ \Delta F_1y$，$\Delta H_1x = \Delta D_1x$
I_1	0.8	0.4	$\Delta I_1y = \Delta H_1y$，$\Delta I_1x = \Delta E_1x$
P_1、O	0	0.3	$\Delta P_1x = \Delta Ox = \Delta D_1x - \Delta BP$ 间距 （但为了美观，更靠近前中，所以 $\Delta P_1x = \Delta Ox = 0.3$）
M_1、N_1	0.3	0.3	$\Delta M_1y = \Delta N_1y = \Delta F_1y$，$\Delta M_1x = \Delta N_1x = \Delta P_1x$
R_1	0.7	0.3	该点在距离长度方向基准线的 $7/8$ 处，所以 $\Delta R_1y = 0.7$，$\Delta R_1x = \Delta P_1x$
S、T	0	0.4	$\Delta Sx = \Delta Tx = \Delta E_1x$

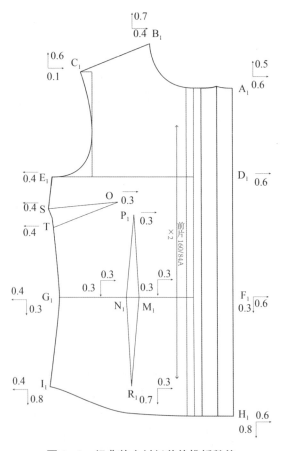

图 6-6　经典款女衬衫前片推板数值

（三）袖子推板

袖子推板数据见表6-5，袖子推板数值如图6-7所示。

表 6-5 经典款女衬衫袖子推板数据   单位：cm

放码点	长度方向	围度方向	备注
A	0.5	0	$\Delta Ay = \Delta$ 袖山高
B、C	0	0.8	$\Delta Bx = \Delta Cx = \Delta$ 袖肥
D、E	0.5	0.4	$\Delta Dy = \Delta Ey = \Delta$ 袖长 $- \Delta Ay$，$\Delta Dx = \Delta Ex = \Delta$ 袖口 $/2$
F、G	0.25	0.6	该点在距离长度方向基准线的 $1/2$ 处，所以 $\Delta Fy = \Delta Gy = \Delta Dy/2$； 该点在距离围度方向基准线的 $3/4$ 处，所以 $\Delta Fx = \Delta Gx = 0.6$
H、I	0.5	0.2	该点在距离围度方向基准线的 $1/2$ 处，所以 $\Delta Hx = \Delta Ix = 0.2$，$\Delta Hy = \Delta Iy = \Delta Dy$

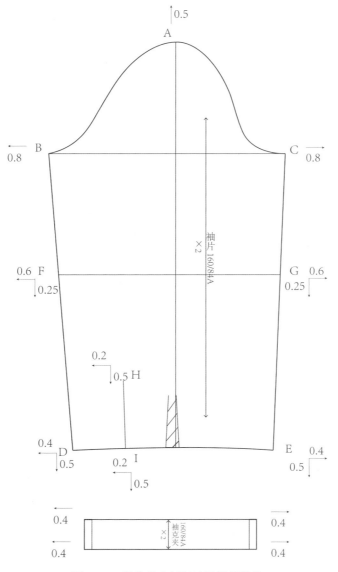

图 6-7 经典款女衬衫袖子推板数值

（四）领子推板

领子推板比较简单，一般以领尖点为基准点，在领后中线直接放出领围的档差即可。领子推板数值如图6-8所示。

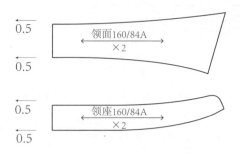

图6-8　经典款女衬衫领子推板数值

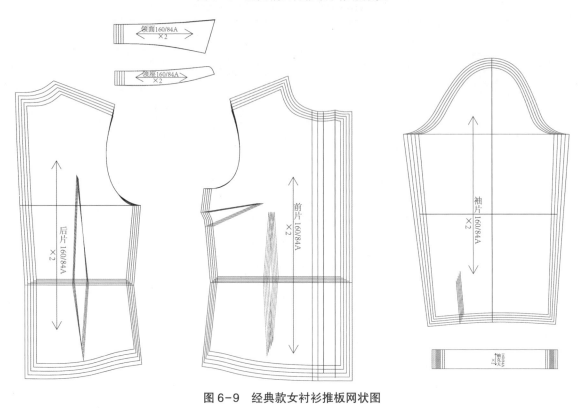

图6-9　经典款女衬衫推板网状图

第二节　海军领女衬衫

一、款式说明

海军领，也叫水兵领，领片平摊在肩上，前呈 V 领形，后为方领形，前衣片左胸设贴袋一只，前门襟为五粒扣，袖子为一片式装袖，袖口处抽褶，用袖克夫收紧。图6-10是海军领女衬衫的款式图。

图 6-10　海军领女衬衫款式图

二、规格设计（160 / 84A）

胸围：$B = B^* + 12 = 96$ cm。

衣长：$L = 45$ cm。

肩宽：$S = 38$ cm。

三、成品规格尺寸

海军领女衬衫的成品规格尺寸见表 6-6。

表 6-6　海军领女衬衫成品规格　　　　　　　　　　　　　　　　　　　　　　单位：cm

部位	150 / 76A	155 / 80A	160 / 84A	165 / 88A	170 / 92A	档差
胸围	88	92	96	100	104	4
衣长	42	43.5	45	46.5	48	1.5
肩宽	36	37	38	39	40	1
袖长	56	57	58	59	60	1

四、基本样板绘制（图 6-11）

海军领女衬衫制板与推板

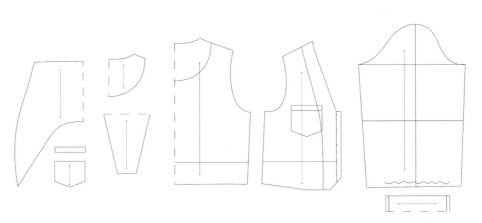

图 6-11　海军领女衬衫结构图

五、样板图（图6-12）

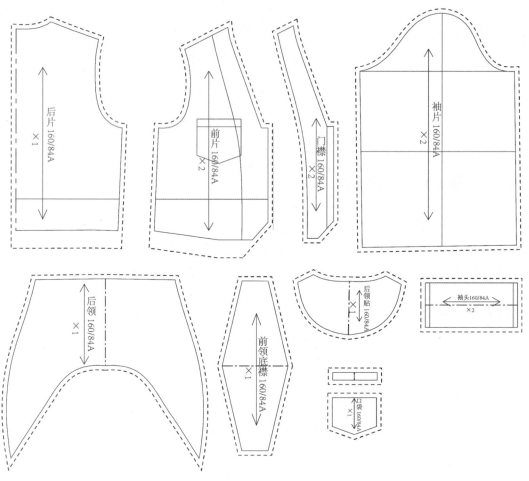

图6-12　海军领女衬衫样板

六、推板（图6-17）

海军领女衬衫推板首先应确定基准线和基准点。为了推板方便，前后衣片选取袖窿深线为横向基准线，前后中线为纵向基准线，两线交点为基准点；袖子选取袖肥线为横向基准线，袖中线为纵向基准线，两线交点为基准点。

（一）后片推板

后片推板数据见表6-7，后片推板数值如图6-13所示。

表6-7　海军领女衬衫后片推板数据　　　　　　　　　　　　　　　　　　　　　　　　　　　　　单位：cm

放码点	长度方向	围度方向	备注
A	0.7	0	$\Delta Ay = \Delta$ 后腰线→上平线 − ΔFy
B	0.7	0.2	$\Delta By = \Delta Ay$，$\Delta Bx = \Delta$ 后领宽

（续表）

放码点	长度方向	围度方向	备注
C	0.6	0.5	该点在距离长度方向基准线的 6 / 7 处，所以 $\Delta Cy = 0.6$，$\Delta Cx = \Delta$ 肩宽
D	0	0	基准点
E	0	1	$\Delta Ex = \Delta$ 框架宽 / 2
F	0.3	0	$\Delta Fy = \Delta$ 后腰线→袖窿深线
G	0.3	1	$\Delta Gy = \Delta Fy$，$\Delta Gx = \Delta Ex$
H	0.8	0	$\Delta Hy = \Delta$ 腰围→臀围 + ΔFy
I	0.8	1	$\Delta Iy = \Delta Hy$，$\Delta Ix = \Delta Ex$
J	0.3	0	$\Delta Jy = \Delta Ay - \Delta$ 后领贴
K	0.3	0.65	根据 B、C 点的位置，$\Delta Ky = 0.3$，$\Delta Kx = 0.65$

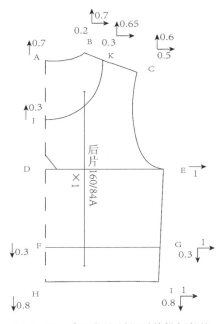

图 6-13　海军领女衬衫后片推板数值

（二）前片推板

前片推板数据见表 6-8，前片推板数值如图 6-14 所示。

表 6-8　海军领女衬衫前片推板数据　　　　　　　　　　　　　　　　　　　　　　　　单位：cm

放码点	长度方向	围度方向	备注
B_1	0.7	0.2	$\Delta B_1y = \Delta$ 后腰线→上平线 - ΔF_1y，$\Delta B_1x = \Delta$ 前领宽
C_1	0.6	0.5	该点在距离长度方向基准线的 6 / 7 处，所以 $\Delta C_1y = 0.6$，$\Delta C_1x = \Delta$ 肩宽
D_1	0	0	基准点
E_1	0	1	$\Delta E_1x = \Delta$ 框架宽 / 2

（续表）

放码点	长度方向	围度方向	备注
F_1	0.3	0	$\Delta F_1 y = \Delta$ 后腰线→袖窿深线
G_1	0.3	1	$\Delta G_1 y = \Delta F_1 y$，$\Delta G_1 x = \Delta E_1 x$
H_1	0.8	0	$\Delta H_1 y = \Delta$ 腰围→臀围 $+ \Delta F_1 y$
I_1	0.8	1	$\Delta I_1 y = \Delta H_1 y$，$\Delta I_1 x = \Delta E_1 x$

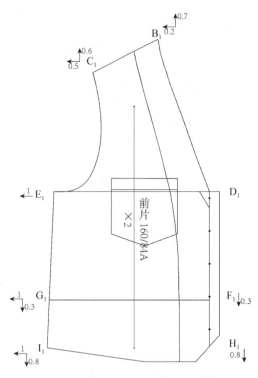

图 6-14　海军领女衬衫前片推板数值

（三）袖子推板

袖子推板数据见表 6-9，袖子推板数值如图 6-15 所示。

表 6-9　海军领女衬衫袖子推板数据　　　　　　　　　　　　　　　　　　　　　　　　　　　　单位：cm

放码点	长度方向	围度方向	备注
A	0.5	0	$\Delta Ay = \Delta$ 袖山高
B、C	0	0.8	$\Delta Bx = \Delta Cx = \Delta$ 袖肥
D、E	0.5	0.4	$\Delta Dy = \Delta Ey = \Delta$ 袖长 $- \Delta Ay$，$\Delta Dx = \Delta Ex = \Delta$ 袖口 / 2
F、G	0.25	0.6	该点在距离长度方向基准线的 1 / 2 处，所以 $\Delta Fy = \Delta Gy = \Delta Dy / 2$； 该点在距离围度方向基准线的 3 / 4 处，所以 $\Delta Fx = \Delta Gx = 0.6$

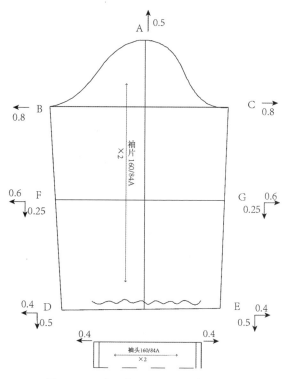

图 6-15　海军领女衬衫袖子推板数值

（四）零部件推板

零部件推板比较简单，放出档差即可。零部件推板数值如图 6-16 所示。

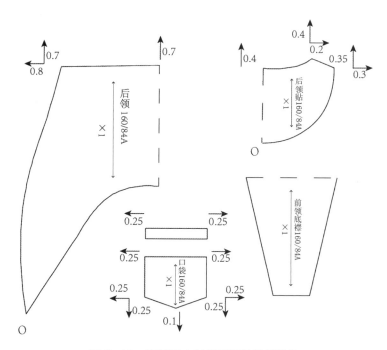

图 6-16　海军领女衬衫零部件推板数值

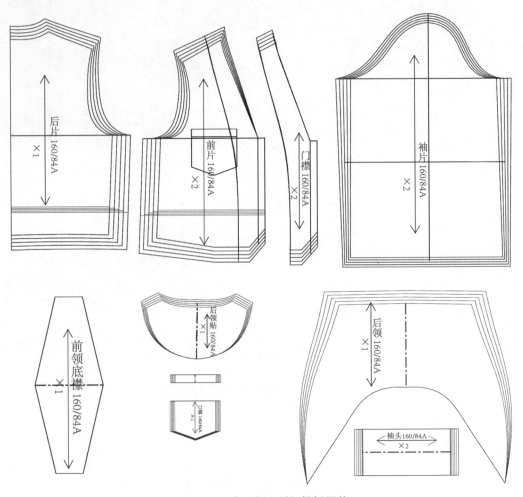

图6-17　海军领女衬衫推板网状

🪡 思考与练习

请完成图6-18所示女衬衫变化款的制板与推板。

图6-18　女衬衫变化款的款式图

第七章

女西服工业制板与推板

第一节　经典款女西服

一、款式说明

经典款女西服，一粒扣、平驳领、四开身，左右前身各有一个双嵌线口袋，前片设有公主线，两片合体袖。图7-1是经典款女西服款式图。

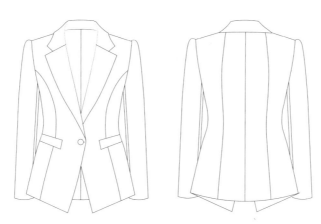

图7-1　经典款女西服款式图

二、规格设计（160/84A）

胸围：B=B*+8 cm=92 cm。
腰围：W=W*+10 cm=76 cm。
臀围：H=H*+8 cm=96 cm。
衣长：L=55.5 cm。
袖长：SL=57.5 cm。

三、成品规格尺寸

经典款女西服成品规格尺寸见表7-1。

表 7-1　经典款女西服成品规格　　　　　　　　　　　　　　　　　　　　　　　　　单位：cm

部位	150/76A	155/80A	160/84A	165/88A	170/92A	档差
胸围	84	88	92	96	100	4
腰围	68	72	76	80	84	4
臀围	88	92	96	100	104	4
衣长	52.5	54	55.5	57	58.5	1.5
袖长	55.5	56.5	57.5	58.5	59.5	1

四、基本样板绘制（图7-2）

经典款女西
服制板

（一）前片

（1）在第三章女装工业原型的基础上，下摆上抬1cm。

（2）经过BP点往下作垂线，分别与腰节线、下平线相交，向左2cm，确定腰省位；袖窿弧线与垂线的交点分别和腰省上两点连接，画顺弧形省。

（3）将前中心线向右平移1.5cm，确定门襟宽；在腰节线的相交点向上2.5cm即翻驳止点；将前中心线向下延长3cm，再向左4cm，连接翻驳止点。

（4）沿肩线侧颈点偏进0.5cm，再偏进1cm为a点，然后向右延长3cm即翻驳基点，连接翻驳止点画翻折线。前颈点向下1.5cm作串口线，使侧颈点偏进0.5cm，将此点与串口线连接为6cm，驳领宽为7cm，画出驳领形状，并在串口线偏进3cm处画领嘴，角度≈60°，翻领领角宽为3cm。过a点画翻折线的平行线，长度为后领弧线长，倾斜量为2.5cm，画后翻领底线，长度也为后领弧线长，后领座为3cm，后翻领宽为4cm，画出翻领形状。

（5）将侧缝线与腰节线的交点向右1.5cm，再向右14cm，确定袋口大，两点分别向下垂直3cm、4cm，画出口袋形状。

图7-2　经典款女西服结构图

（二）后片

（1）在第三章女装工业原型的基础上，领口开宽 0.5 cm，下摆上抬 1 cm。

（2）在后领弧线上取一点，距侧颈点 2.5 cm 分别与腰省上两点连接，画顺弧形省。

（3）在后中心线上做开衩，向上量取 10 cm，向左延长 2.5 cm，向上作垂线 9 cm，与开衩缝止点连接。

（三）西装袖

（1）在衬衫袖的基础上，将前袖部分纵向分割，分割宽为 4 cm，将分割后的部分拼合到后袖底缝处。

（2）将袖口线的两端分别向外延长 2 cm，与袖肘线的两端相交，画顺前后袖底线。

（3）袖山点向下取 5/12 袖山高作水平线，与后袖山弧线的交点往下作垂线，分别与袖肘线、袖口线相交；在垂线的左右两侧各取一点，距离为 6 cm，将这两点分别与袖宽线和袖山线的交点相连接，在袖肘线上，将两条斜线与袖山线的距离两等分，画顺弧线。

五、样板图（图7-3）

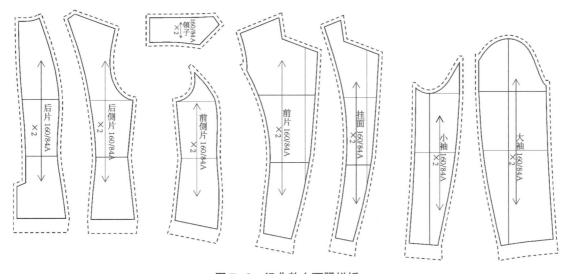

图7-3　经典款女西服样板

六、推板（图7-8）

（一）后片、后侧片推板

经典款女西服推板

一般情况下，经典款女西服后片、后侧片推板选取袖窿深线为横向基准线，分割线为纵向基准线，两线交点为基准点。后片、后侧片推板数据见表7-2，后片、后侧片推板数值如图7-4所示。

表7-2　经典款女西服后片、后侧片推板数据　　　　　　　　　　　　　　　　　　单位：cm

放码点	长度方向	围度方向	备注
O	0	0	基准点
A	0.7	0.6	$\Delta Ay = \Delta$ 后腰线→上平线 − ΔFy，$\Delta Ax = \Delta Dx$

（续表）

放码点	长度方向	围度方向	备注
B	0.7	0.2 （S：0.6）	ΔBy=ΔAy， ΔBx=后领宽（注：L、XL、2XL码共用领子，档差为0.4，；S、M码共用领子，档差为0）
C	0.6	0.1	ΔCy=Δ袖窿/2－ΔEx，ΔCx=ΔAx－Δ肩宽
D	0	0.6	ΔDx=Δ后背宽
E	0	0.4	ΔEx=Δ框架宽/2－ΔDx
F	0.3	0.6	ΔFy=Δ后腰线→袖窿深线，ΔFx=ΔDx
G	0.3	0.4	ΔGy=ΔFy，ΔGx=ΔEx
H	0.8	0.6	ΔHy=Δ腰围→臀围+ΔFy，ΔHx=ΔDx
I	0.8	0.4	ΔIy=ΔHy，ΔIx=ΔEx
P	0.7	0.2 （S：0.6）	ΔBy=ΔAy， ΔBx=后领宽（注：L、XL、2XL码共用领子，档差为0.4，；S、M码共用领子，档差为0）
R	0.3	0	ΔRy=ΔFy
M	0.8	0	ΔMy=ΔHy

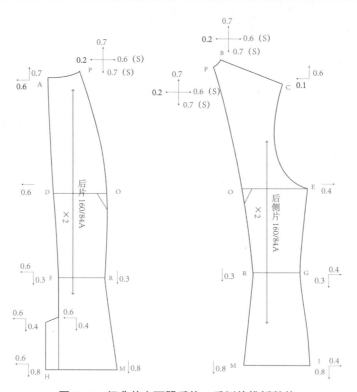

图7-4　经典款女西服后片、后侧片推板数值

（二）前片、前侧片、挂面推板

一般情况下，经典款女西服前片、挂面推板选取袖窿深线为横向基准线，前中线为纵向基准线，两线交点为基准点；前侧片选取袖窿深线为横向基准线，分割线为纵向基准线。前片、前侧片、挂面推板数据见表7-3，前片、前侧片、挂面推板数值如图7-5所示。

表7-3　经典款女西服前片、前侧片、挂面推板数据　　　　　　　　　　　　　　　　　　　　单位：cm

放码点	长度方向	围度方向	备注
D_1、Q_1	0	0	基准点
A_1、S、T	0.7	0	$\Delta A_1y = \Delta Sy = \Delta Ty = \Delta$ 后腰线→上平线 $- \Delta F_1y$
B_1	0.7	0.4 （S：0）	$\Delta B_1y = \Delta A_1y = \Delta Sy = \Delta Ty$， $\Delta B_1x = \Delta Qx - \Delta$ 前领宽（注：L、XL、2XL 码共用领子，档差为0.4，；S、M 码共用领子，档差为0）
C_1	0.6	0.5	$\Delta C_1y = \Delta$ 袖窿 $/2 - \Delta E_1x$，$\Delta C_1x = \Delta$ 肩宽
E_1	0	0.4	$\Delta E_1x = \Delta$ 框架宽 $/2 - \Delta Qx$
F_1	0.3	0	$\Delta F_1y = \Delta$ 后腰线→袖窿深线
G_1	0.3	0.4	$\Delta G_1y = \Delta F_1y$，$\Delta G_1x = \Delta E_1x$
H_1	0.8	0	$\Delta H_1y = \Delta$ 腰围→臀围 $+ \Delta F_1y$
I_1	0.8	0.4	$\Delta I_1y = \Delta H_1y$，$\Delta I_1x = \Delta E_1x$
M	0.8	0.6	$\Delta My = \Delta H_1y$，$\Delta Mx = \Delta Qx$
M_1	0.8	0	$\Delta M_1y = \Delta H_1y$
P	0.2	0.6	$\Delta Py = \Delta P_1y$，$\Delta Px = \Delta Qx$
P_1	0.2	0	该点在距离长度方向基准线的 1/3 处，所以 $\Delta P_1y = 0.2$
Q	0	0.6	$\Delta Qx = \Delta$ 后背宽
R	0.3	0.6	$\Delta Ry = \Delta F_1y$，$\Delta Rx = \Delta Qx$
R_1	0.3	0	$\Delta R_1y = \Delta F_1y$

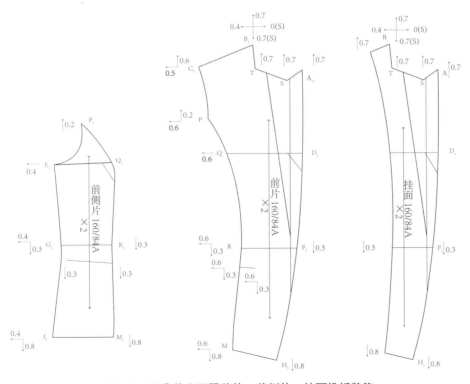

图7-5　经典款女西服前片、前侧片、挂面推板数值

（三）袖子推板

一般情况下，经典款女西服袖子推板选取袖肥线为横向基准线，内袖缝线为纵向基准线，两线交点为基准点。袖子推板数据见表7-4，袖子推板数值如图7-6所示。

表7-4　经典款女西服袖子推板数据 单位：cm

放码点	长度方向	围度方向	备注
C	0	0	基准点
A	0.5	0.4	△Ay=△袖山高，该点在距离围度方向基准线的1/2处，所以△Ax=0.4
B	0.25	0.8	该点在距离长度方向基准线的1/2处，所以△By=0.25，△Bx=△Dx
D	0	0.8	△Dx=△袖肥
E	0.2	0.65	△Ey=△Iy，△Ex=0.65（以线条圆顺为准）
F	0.5	0.4	△Fy=△Gy，该点在距离围度方向基准线的1/2处，所以△Fx=0.4
G	0.5	0	△Gy=△袖长－△Ay
I	0.2	0	该点在距离长度方向基准线的2/5处，所以△Iy=0.2

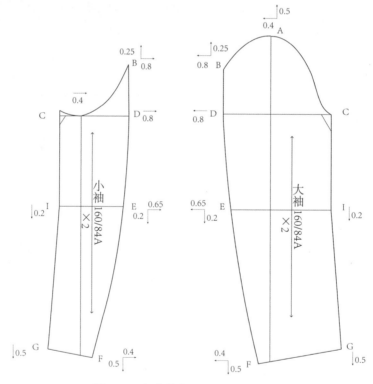

图7-6　经典款女西服袖子推板数值

（四）领子推板

领子推板比较简单，一般以领尖点为基准点，在领后中线直接放出领围的档差即可。领子推板数值如图7-7所示。

图 7-7　经典款女西服领子推板数值

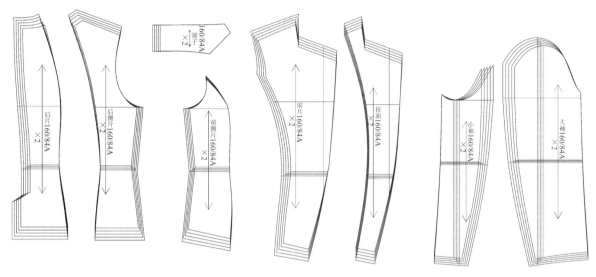

图 7-8　经典款女西服推板网状图

第二节　变化款女西服

一、款式说明

变化款女西服，两粒扣、平驳领、四开身，左前片胸部设有手巾袋，左右前身各有一个双嵌线口袋，前后片均设有公主线，两片合体袖。图 7-9 是变化款女西服款式图。

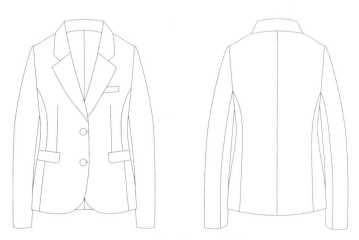

图 7-9　变化款女西服款式图

二、规格设计（160/84A）

胸围：B=B*+10=94 cm。

腰围：W=W*+10=76 cm。

臀围：H=H*+10=98 cm。

衣长：L=54 cm。

袖长：SL=57.5 cm。

三、成品规格尺寸

变化款女西服的成衣规格尺寸见表7-5。

表7-5 变化款女西服成品规格　　　　　　　　　　　　　　　　　　　　　　　　　　单位：cm

部位	150/76A	155/80A	160/84A	165/88A	170/92A	档差
胸围	86	90	94	98	102	4
腰围	68	72	76	80	84	4
臀围	90	94	98	102	106	4
衣长	51	52.5	54	55.5	57	1.5
袖长	55.5	56.5	57.5	58.5	59.5	1

四、基本样板绘制（图7-10）

变化款女西
服制板

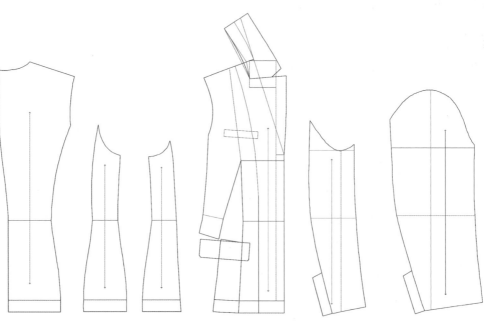

图7-10　变化款女西服结构图

五、样板图（图 7-11）

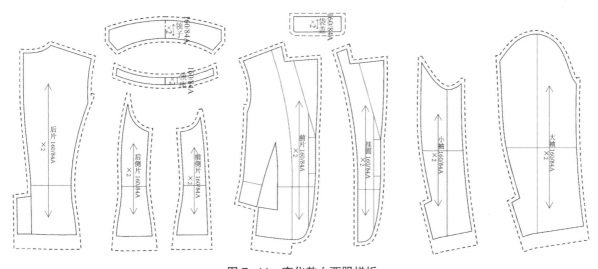

图 7-11 变化款女西服样板

六、推板（图 7-16）

（一）后片、后侧片推板

一般情况下，女西服后片推板选取袖窿深线为横向基准线，后中线为纵向基准线，两线交点为基准点。后片、后侧片推板数据见表 7-6，后片、后侧片推板数值如图 7-12 所示。

变化款女西服推板

表 7-6 变化款女西服后片、后侧片推板数据   单位：cm

放码点	长度方向	围度方向	备注
D	0	0	基准点
A	0.7	0	$\Delta Ay = \Delta$ 后腰线→上平线 $-\Delta Fy$
B	0.7	0.2	$\Delta By = \Delta Ay$，$\Delta Bx = \Delta$ 领围 /5
C	0.6	0.5	该点在距离长度方向基准线的 6/7 处，所以 $\Delta Cy = 0.6$，$\Delta Cx = \Delta$ 肩宽
E	0	1	$\Delta Ex = \Delta$ 框架宽 /2
F	0.3	0	$\Delta Fy = \Delta$ 后腰线→袖窿深线
G	0.3	1	$\Delta Gy = \Delta Fy$，$\Delta Gx = \Delta Ex$
H	0.8	0	$\Delta Hy = \Delta$ 腰围→臀围 $+\Delta Fy$
I	0.8	1	$\Delta Iy = \Delta Hy$，$\Delta Ix = \Delta Ex$
M	0.8	0.6	$\Delta My = \Delta Hy$，$\Delta Mx = \Delta Px$
O	0	0.6	$\Delta Ox = \Delta Px$
P	0	0.6	$\Delta Px = \Delta$ 后背宽
R	0.3	0.6	$\Delta Ry = \Delta Fy$，$\Delta Rx = \Delta Px$

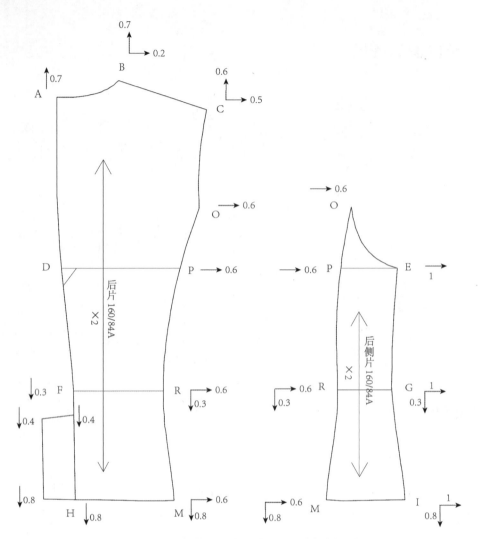

图 7-12　变化款女西服后片、后侧片推板数值

（二）前片推板

一般情况下，变化款女西服前片、挂面推板选取袖窿深线为横向基准线，前中线为纵向基准线，两线交点为基准点。前片、前侧片、挂面推板数据见表 7-7，前片、前侧片、挂面推板数值如图 7-13 所示。

表 7-7　变化款女西服前片、前侧片、挂面推板数据　　　　　　　　　　　　　　　　　　单位：cm

放码点	长度方向	围度方向	备注
D_1	0	0	基准点
A_1	0.7	0	$\Delta A_1 y = \Delta$ 后腰线→上平线 $- \Delta F_1 y$
B_1	0.7	0.2	$\Delta B_1 y = \Delta A_1 y$，$\Delta B_1 x = \Delta$ 领围 /5
C_1	0.6	0.5	该点在距离长度方向基准线的 6/7 处，所以 $\Delta C_1 y = 0.6$，$\Delta C_1 x = \Delta$ 肩宽
E_1	0	1	$\Delta E_1 x = \Delta$ 框架宽 /2
F_1	0.3	0	$\Delta F_1 y = \Delta$ 后腰线→袖窿深线

（续表）

放码点	长度方向	围度方向	备注
G_1	0.3	1	$\Delta G_1 y = \Delta F_1 y$，$\Delta G_1 x = \Delta E_1 x$
H_1	0.8	0	$\Delta H_1 y = \Delta$ 腰围→臀围 $+ \Delta F_1 y$
I_1	0.8	1	$\Delta I_1 y = \Delta H_1 y$，$\Delta I_1 x = \Delta E_1 x$
M	0.8	0.6	$\Delta M y = \Delta H_1 y$，$\Delta M x = \Delta P x$
P	0	0.6	$\Delta P x = \Delta$ 后背宽
R	0.3	0.6	$\Delta R y = \Delta F_1 y$，$\Delta R x = \Delta P x$

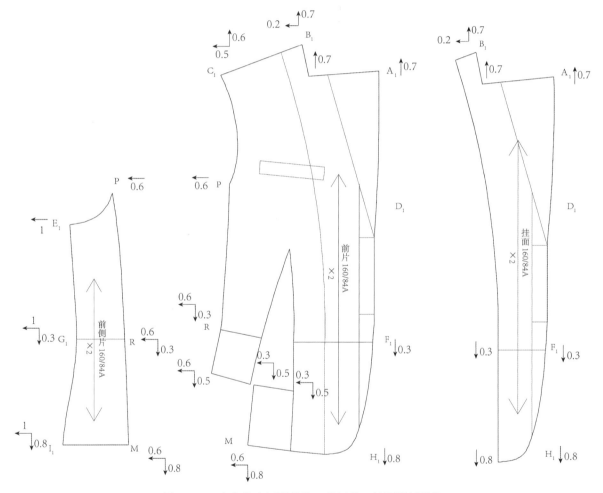

图7-13 变化款女西服前片、前侧片、挂面推板数值

（三）袖子推板

一般情况下，女西服袖子推板选取袖肥线为横向基准线，内袖缝线为纵向基准线，两线交点为基准点。袖子推板数据见表7-8，袖子推板数值如图7-14所示。

表7-8　变化款女西服袖子推板数据   单位：cm

放码点	长度方向	围度方向	备注
C	0	0	基准点
A	0.5	0.4	$\Delta Ay = \Delta$ 袖山高，该点在距离围度方向基准线的1/2处，所以 $\Delta Ax = 0.4$
B	0.25	0.8	该点在距离长度方向基准线的1/2处，所以 $\Delta By = 0.25$，$\Delta Bx = \Delta Dx$
D	0	0.8	$\Delta Dx = \Delta$ 袖肥
E	0.2	0.65	$\Delta Ey = \Delta Iy$，$\Delta Ex = 0.65$（以线条圆顺为准）
F	0.5	0.4	$\Delta Fy = \Delta Gy$，该点在距离围度方向基准线的1/2处，所以 $\Delta Fx = 0.4$
G	0.5	0	$\Delta Gy = \Delta$ 袖长 $- \Delta Ay$
I	0.2	0	该点在距离长度方向基准线的2/5处，所以 $\Delta Iy = 0.2$

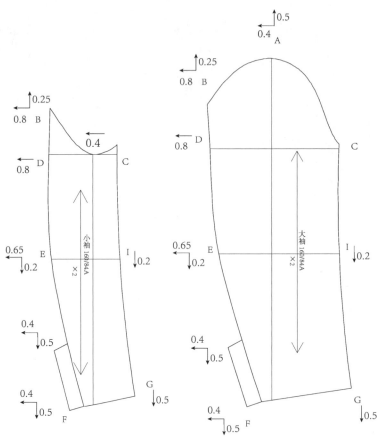

图7-14　变化款女西服袖子推板数值

（四）零部件推板

零部件推板比较简单，放出档差即可。零部件推板数值如图7-15所示。

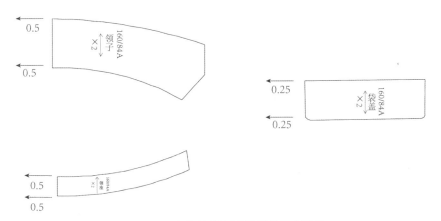

图 7-15　变化款女西服零部件推板数值

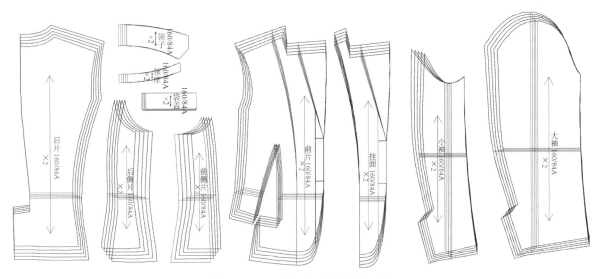

图 7-16　变化款女西服推板网状图

思考与练习

请完成图 7-17 所示变化款女西服的制板与推板。

图 7-17　变化款女西服的款式图

第八章

插肩袖女上衣工业制板与推板

第一节　插肩袖女上衣

一、款式说明

插肩袖女上衣，两粒扣、无领、四开身，前后片设有公主线。图8-1是插肩袖女上衣款式图。

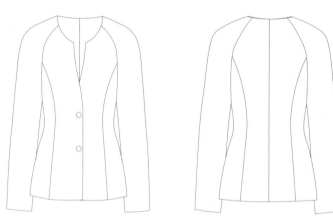

图8-1　插肩袖女上衣款式图

二、规格设计（160/84A）

胸围：B=B*+8 cm=92 cm。
腰围：W=W*+10 cm=76 cm。
臀围：H=H*+8 cm=96 cm。
衣长：L=56 cm。
袖长：SL=57.5 cm。

三、成品规格尺寸

插肩袖女上衣成品规格尺寸见表8-1。

表 8-1　插肩袖女上衣成品规格　　　　　　　　　　　　　　　　　　　　　　　　　　单位：cm

部位	150/76A	155/80A	160/84A	165/88A	170/92A	档差
胸围	84	88	92	96	100	4
腰围	68	72	76	80	84	4
臀围	88	92	96	100	104	4
衣长	53	54.5	56	57.5	59	1.5
袖长	55.5	56.5	57.5	58.5	59.5	1

四、基本样板绘制（图 8-2、图 8-3）

插肩袖女上
衣制板

（一）前片

（1）在第三章女装工业原型的基础上，侧颈点缩进 0.8 cm，前颈点下落 1 cm，画出新前领口弧线。

（2）作前中线的平行线与下摆相交，两线间隔 2 cm，前颈点缩进 1 cm，画顺门襟线。第一粒扣位于腰围线上 5 cm，第二粒扣位于腰围线下 6 cm。

（3）侧底摆起翘 1.2 cm，画顺下摆弧线。

（4）胸围线下省尖向左 1.5 cm，下摆处省尖向左 2.5 cm，省位向左偏 1 cm，省大不变。

（5）将前袖山弧线对准两点，分别为肩点、袖窿弧线与胸宽线的交点 a，使 a 到胸围线的这段袖窿弧线与到胸宽线的弧线长度相等；在新领口弧线上找到距离侧颈点 4.5 cm 的点，画顺弧线。

（6）将袖肘线左右各偏进 1.5 cm，袖中线与袖口线的交点向内偏进 4 cm，下落一定量，画顺成直角。

（二）后片

（1）在第三章女装工业原型的基础上，领口开宽 0.8 cm，下摆上抬 0.7 cm。

（2）侧底摆起翘 1.2 cm，画顺下摆弧线。

（3）将背宽线三等分，取第二等分点向上作垂线，与袖窿弧线相交于点 b，将后袖山弧线对准肩点

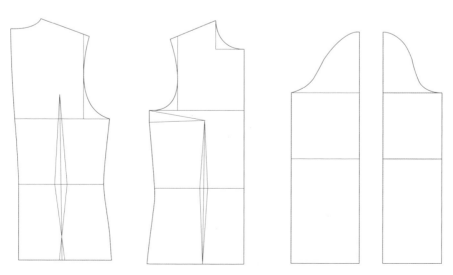

图 8-2　插肩袖女上衣原型

和 b 点，使 b 点到胸围线的这段袖窿弧线与到胸宽线的弧线长度相等；在新领口弧线上找到距离侧颈点 3.5 cm 的点，画顺弧线。

（4）在后插肩线上取一点，画顺弧形省。

（5）将后袖底线和袖口线的交点偏进 4 cm，与袖宽线和后袖底线的交点相连接，在袖肘线上偏出 1 cm，画顺新袖底线。将袖中线与袖口线的交点向外偏出 4 cm，画顺弧线。

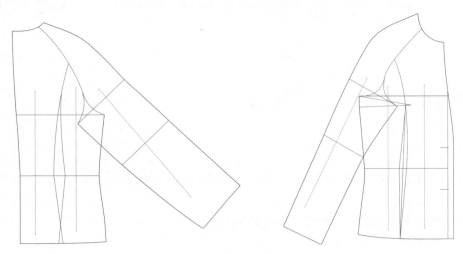

图 8-3　插肩袖女上衣结构图

五、样板图（图 8-4）

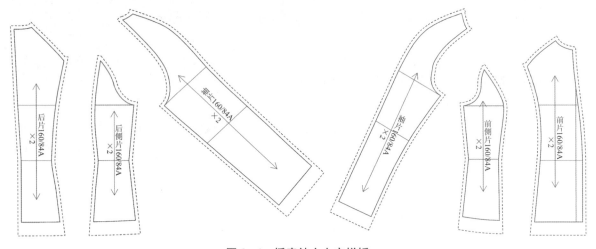

图 8-4　插肩袖女上衣样板

六、推板（图 8-7）

（一）后片、后侧片、袖片推板

一般情况下，插肩袖女上衣后片、后侧片推板选取袖窿深线为横向基准线，分割线为纵向基准线，两线交点为基准点。后片、后侧片、袖片推板数据见表 8-2，后片、后侧片、袖片推板数值如图 8-5 所示。

插肩袖推板原理

插肩袖女上衣推板

表 8-2　插肩袖女上衣后片、后侧片、袖片推板数据 单位：cm

放码点	长度方向	围度方向	备注
P	0	0	基准点
A	0.7	0.6	△Ay=△ 后腰线→上平线－△Fy，△Ax=△Dx
B、C	0.7	0.4	该点在距离围度方向基准线的 2/3 处，所以 △Bx=0.4，△By=△Ay
D	0	0.6	△Dx=△ 后背宽
E	0	0.4	△Ex=△ 框架宽 /2－△Dx
F	0.3	0.6	△Fy=△ 后腰线→袖窿深线，△Fx=△Dx
G	0.3	0.4	△Gy=△Fy，△Gx=△Ex
H	0.8	0.6	△Hy=△ 腰围→臀围＋△Fy，△Hx=△Dx
I	0.8	0.4	△Iy=△Hy，△Ix=△Ex
M	0.8	0	△My=△Hy
O	0.3	0	该点在距离长度方向基准线的 3/7 处，所以 △Oy=0.3
R	0.3	0	△Ry=△Fy

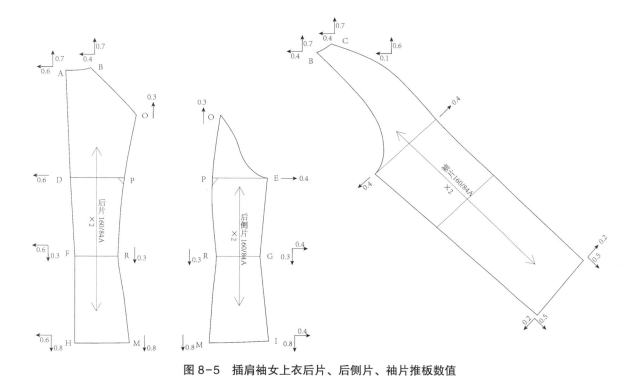

图 8-5　插肩袖女上衣后片、后侧片、袖片推板数值

（二）前片、前侧片、袖片推板

一般情况下，插肩袖女上衣前片、前侧片推板选取袖窿深线为横向基准线，前中线为纵向基准线，两线交点为基准点。前片、前侧片、袖片推板数据见表 8-3，前片、前侧片、袖片推板数值如图 8-6 所示。

表 8-3　插肩袖女上衣前片、前侧片、袖片推板数据　　　　　　　　　　　　　　　　单位：cm

放码点	长度方向	围度方向	备注
D_1	0	0	基准点
A_1	0.5	0	$\Delta A_1y=\Delta C_1y-\Delta$ 前领高
B_1	0.6	0.2	该点在距离长度方向基准线的 6/7 处，所以 $\Delta B_1y=0.6$，$\Delta B_1x=\Delta C_1x$
C_1	0.7	0.2	$\Delta C_1y=\Delta$ 后腰线→上平线$-\Delta F_1y$，$\Delta C_1x=\Delta$ 前领宽
E_1	0	1	$\Delta E_1x=\Delta$ 框架宽 /2
F_1	0.3	0	$\Delta F_1y=\Delta$ 后腰线→袖窿深线
G_1	0.3	1	$\Delta G_1y=\Delta F_1y$，$\Delta G_1x=\Delta E_1x$
H_1	0.8	0	$\Delta H_1y=\Delta$ 腰围→臀围$+\Delta F_1y$
I_1	0.8	1	$\Delta I_1y=\Delta H_1y$，$\Delta I_1x=\Delta E_1x$
M_1	0.8	0.6	$\Delta M_1y=\Delta H_1y$，$\Delta M_1x=\Delta P_1x$
O_1	0.3	0.6	该点在距离长度方向基准线的 3/7 处，所以 $\Delta O_1y=0.3$，$\Delta O_1x=\Delta P_1x$
P_1	0	0.6	$\Delta P_1x=\Delta$ 后背宽
R_1	0.3	0.6	$\Delta R_1y=\Delta F_1y$，$\Delta R_1x=\Delta P_1x$

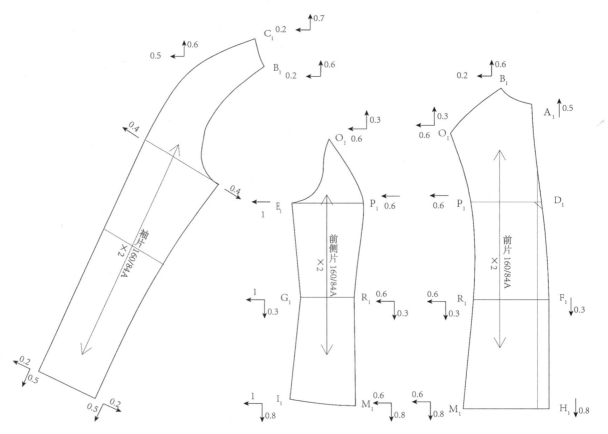

图 8-6　插肩袖女上衣前片、前侧片、袖片推板数值

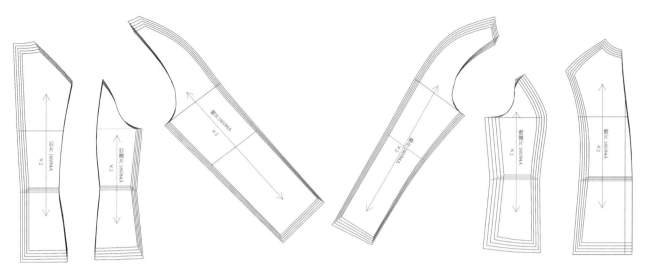

图 8-7　插肩袖女上衣推板网状图

第二节　青果领插肩袖女上衣

一、款式说明

青果领插肩袖女上衣，两粒扣，前后片有弧形分割线。图 8-8 是青果领插肩袖女上衣款式图。

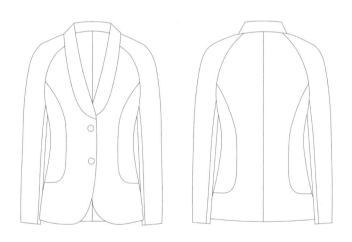

图 8-8　青果领插肩袖女上衣款式图

二、规格设计

胸围：B=B*+8 cm=92 cm。　　　　　　　　衣长：L=56 cm。

腰围：W=W*+10 cm=76 cm。　　　　　　　袖长：SL=57.5 cm。

臀围：H=H*+8 cm=96 cm。

三、成品规格尺寸

青果领插肩袖女上衣成品规格尺寸见表8-4。

表 8-4　青果领插肩袖女上衣成品规格　　　　　　　　　　　　　　　　　　　　　　单位：cm

部位	150/76A	155/80A	160/84A	165/88A	170/92A	档差
胸围	84	88	92	96	100	4
腰围	68	72	76	80	84	4
臀围	88	92	96	100	104	4
衣长	53	54.5	56	57.5	59	1.5
袖长	55.5	56.5	57.5	58.5	59.5	1

四、基本样板绘制（图8-9）

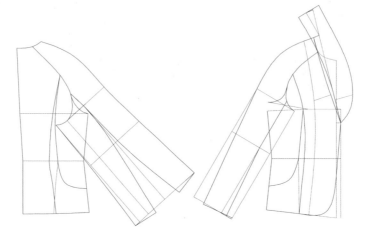

青果领插肩
袖女上衣
制板

图 8-9　青果领插肩袖女上衣结构图

五、样板图（图8-10）

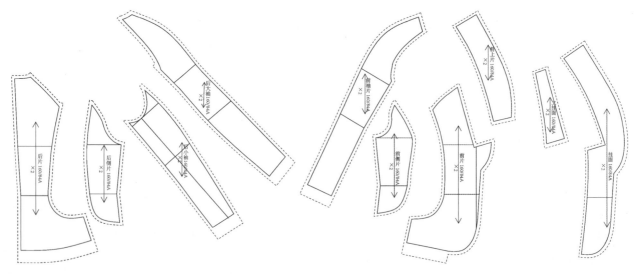

图 8-10　青果领插肩袖女上衣样板

六、推板（图 8-13）

（一）后衣片推板

一般情况下，青果领插肩袖女上衣后衣片推板选取袖窿深线为横向基准线，弧形分割线为纵向基准线，两线交点为基准点。后衣片推板数据见表 8-5，后衣片推板数值如图 8-11 所示。

表 8-5 插肩袖女上衣后衣片推板数据　　　　　　　　　　　　　　　　　　　　　　　　单位：cm

放码点	长度方向	围度方向	备注	放码点	长度方向	围度方向	备注
P	0	0	基准点	G	0.3	0.4	$\Delta Gy = \Delta Fy$，$\Delta Gx = \Delta Ex$
A	0.7	0.6	$\Delta Ay = \Delta$ 后腰线→上平线 $-\Delta Fy$，$\Delta Ax = \Delta Dx$	H	0.8	0.6	$\Delta Hy = \Delta$ 腰围→臀围 $+\Delta Fy$，$\Delta Hx = \Delta Dx$
B	0.7	0.4	$\Delta By = \Delta Ay$，该点在距离围度方向基准线的 2/3 处，所以 $\Delta Bx = 0.4$	M	0.8	0.4	$\Delta My = \Delta Hy$，$\Delta Mx = \Delta Ex$
C	0.7	0.4	$\Delta Cy = \Delta Ay$，$\Delta Cx = \Delta Bx$	O	0.3	0	该点在距离长度方向基准线的 3/7 处，所以 $\Delta Oy = 0.3$
D	0	0.6	$\Delta Dx = \Delta$ 后背宽	Q	0.5	0.4	该点在距离长度方向基准线的 5/8 处，所以 $\Delta Qy = 0.5$，$\Delta Qx = \Delta Ex$
E	0	0.4	$\Delta Ex = \Delta$ 框架宽 $/2 - \Delta Dx$				
F	0.3	0.6	$\Delta Fy = \Delta$ 后腰线→袖窿深线，$\Delta Fx = \Delta Dx$	R	0.3	0	$\Delta Ry = \Delta Fy$

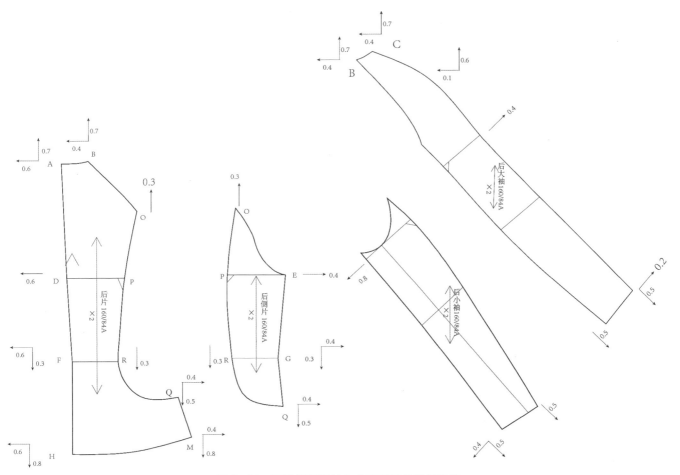

图 8-11 青果领插肩袖女上衣后衣片推板数值

（二）前衣片推板

一般情况下，青果领插肩袖女上衣前片、前侧片推板选取袖窿深线为横向基准线，弧形分割线为纵向基准线，两线交点为基准点。前衣片推板数据见表8-6，前衣片推板数值如图8-12所示。

表8-6　插肩袖女上衣前衣片推板数据　　　　　　　　　　　　　　　　　　　　　　　　单位：cm

放码点	长度方向	围度方向	备注	放码点	长度方向	围度方向	备注
P	0	0	基准点	F_1	0.3	0.6	$\Delta F_1y=\Delta$ 后腰线→袖窿深线，$\Delta F_1x=\Delta D_1x$
A_1	0.6	0.4	该点在距离长度方向基准线的6/7处，所以 $\Delta A_1y=0.6$，该点在距离围度方向基准线的2/3处，所以 $\Delta A_1x=0.4$	G_1	0.3	0.4	$\Delta G_1y=\Delta F_1y$，$\Delta G_1x=\Delta E_1x$
B_1	0.6	0.2	$\Delta B_1y=\Delta A_1y$，$\Delta B_1x=\Delta C_1x$	H_1	0.8	0.6	$\Delta H_1y=\Delta$ 腰围→臀围 $+\Delta F_1y$，$\Delta H_1x=\Delta D_1x$
C_1	0.7	0.2	$\Delta C_1y=\Delta$ 后腰线→上平线$-\Delta F_1y$，$\Delta C_1x=\Delta$ 前领宽	I_1	0.8	0.4	$\Delta I_1y=\Delta H_1y$，$\Delta I_1x=\Delta E_1x$
D_1	0.1	0.6	该点在距离长度方向基准线的1/3处，所以 $\Delta D_1y=0.1$，$\Delta D_1x=\Delta$ 后背宽	O	0.3	0	该点在距离长度方向基准线的3/7处，所以 $\Delta Oy=0.3$
				Q	0.5	0.4	该点在距离长度方向基准线的5/8处，所以 $\Delta Qy=0.5$，$\Delta Qx=\Delta E_1x$
E_1	0	0.4	$\Delta E_1x=\Delta$ 框架宽$/2-\Delta D_1x$	R	0.3	0	$\Delta Ry=\Delta F_1y$

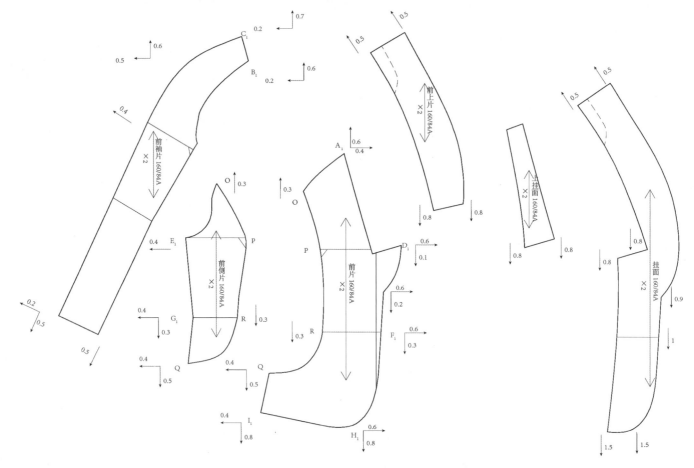

图8-12　青果领插肩袖女上衣前衣片推板数值

116

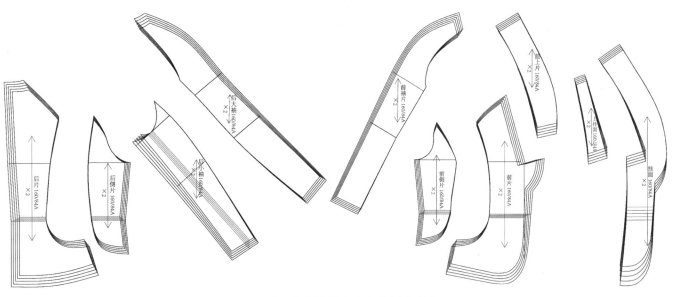

图 8-13 青果领插肩袖女上衣推板网状图

思考与练习

请完成图 8-14 所示变化款插肩袖女上衣的制板与推板。

图 8-14 变化款插肩袖女上衣的款式图

第九章

男上装工业制板与推板

第一节　男西服

一、款式说明

　　男西服，两粒扣、平驳领、三开身，左前身设有手巾袋，左右前身各有一个双嵌线口袋，两片袖，设有袖开衩。图 9-1 是男西服款式图。

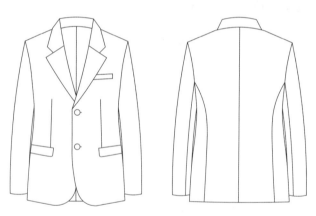

图 9-1　男西服款式图

二、规格设计（175/96A）

　　衣长：L = 72 cm。
　　肩宽：SW = 47 cm。
　　胸围：B = 110 cm。
　　袖口：CW = 14 cm。
　　袖长：SL = 60 cm。

三、成品规格尺寸

　　男西服成品规格尺寸见表 9-1。

表 9-1 男西服成品规格 单位：cm

部位	165/88A	170/92A	175/96A	180/100A	185/104A	档差
衣长	68	70	72	74	76	2
胸围	102	106	110	114	118	4
肩宽	44.6	45.8	47	48.2	49.4	1.2
袖长	58	59	60	61	62	1
袖口	13	13.5	14	14.5	15	0.5

四、基本样板绘制（图9-2）

男西服衣身
制板

（一）后片

（1）绘制纵向基础线：衣长为 72 cm，背长为 2H / 10 + 8.5 cm（此处 H 表示身高），袖窿深为 1.5B / 10 + 10 cm。

（2）取后背宽 0.15B + 5.3 cm，绘制背宽线。

（3）取后领宽 0.75B / 10 + 1 cm、后领深 2.5 cm，画顺后领弧线。

（4）从上平线的后颈点向左量取肩宽 / 2，后肩落肩量为 0.5B / 10 − 0.5 cm，连接侧颈点。将后肩线两等分，中点向下作垂线，长度为 0.5 cm，画顺后小肩线。

（5）在后中心线上，胸围线向内 1.2 cm，腰围线向内 2.5 cm，底摆线向内 3 cm，画顺弧线。

（6）将背宽线向上量取 5.8 cm，向左作垂线，长度为 1.3 cm（记为点 a），过肩点作背宽线的垂线，将两垂线的长度两等分，中点向上 0.4 cm 取一点，三点连接，画顺后袖窿弧线。

（7）在背宽线上，将腰围线向内 2.5 cm，底摆线向内 1.8 cm，画顺弧线。

（8）将背宽线向左平移 1.8 cm，作胸围线、腰围线、底摆线的垂线。在垂线上，将腰围线向左取 1.5 cm（记为点 b），过点 a 水平向左 0.3～0.5 cm，画顺侧缝线。

（二）前片

（1）向左延长纵向基础线。

（2）取前胸宽 0.15B + 3.5 cm，绘制胸宽线。背宽线与胸宽线间隔 0.2B − 7.5 cm + 5 cm（省）。

（3）取前领宽为前胸宽 / 2 + 1.5 cm，前领深为 7 cm。

（4）从上平线的前颈点向右量取肩宽 / 2 + 1.5 cm，前肩落肩量为 0.5B / 10 + 0.5 cm，连接侧颈点。将前肩线三等分，靠近侧颈点的等分点向下作垂线，长度为 0.5 cm，靠近肩点的等分点向上作垂线，长度为 0.5 cm，画顺前小肩线。

（5）将胸围线与胸宽线的交点向右 0.5B / 10 − 1 cm，再向上 0.7 cm（记为点 c），作胸宽线的垂线，作两线夹角为 45° 的辅助线，交点向上量取 2.3 cm，胸宽线向上量取 6.6 cm，画顺前袖窿弧线。在胸围线上再向右 5 cm 取一点，画顺袖窿弧线。

（6）将前中心线与腰围线的交点向下 1.7 cm（记为点 d），连接 b 点。将前身宽两等分，中点向下作垂线，中点向下 5 cm 为省尖，省大为 1.3 cm。

（7）门襟宽为 2 cm，作前中心线的平行线。将底摆线向下平移 2.5 cm，前中心线与底摆线的交点向右 2 cm，画顺圆角下摆。

（8）将下摆向上平移 1 / 3 衣长，口袋大为 B / 10 + 5 cm，宽为 5.3 cm。

（9）过点 c 向下作垂线，向左 1.5 cm，再向左 1 cm，向下作线段 bd 的垂线，将垂线向右平行 1.3 cm 交于线段 bd 和口袋，平行线与口袋的交点向上 0.7 cm，画顺前侧缝线。垂线与下摆的交点向右 2 cm，画顺侧缝线。

（10）将前领深二等分，中点再向下 0.3 cm 取一点，前颈点水平向右 1.5 cm，两点连接并延长交于门襟线。

（11）在串口线上，将门襟线与串口线的交点向内 0.3 cm，门襟线与串口线的交点到胸围线的距离二等分，再向下取一份的量，确定为翻驳点，画出领子形状。

（12）侧颈点水平向左 1.5 cm，与翻驳点相连接，画出翻折线。

（三）西装袖

男西服两片
袖制板

（1）绘制基础线：袖长为 60 cm，袖山高为 B/10＋7 cm，框架宽为 2B/10－1 cm。

（2）上平线向右偏进 1.3 cm，连接袖宽线，画顺弧线。在上平线上，将剩余的长度二等分，中点向下作垂线。

（3）在袖宽线与右框架线交点处左右各取一点，长度为 2.7 cm。将袖宽线向上 2.7 cm（记为点 e），连接袖山顶点。将袖山顶点到右框架点的距离两等分，中点再向左 0.8 cm，与点 e 连接，并垂直于袖山斜线，画顺前袖山弧线。

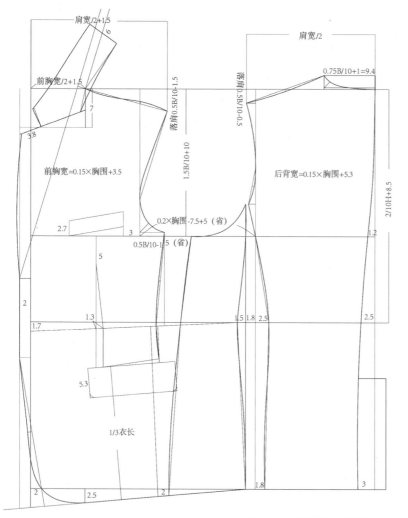

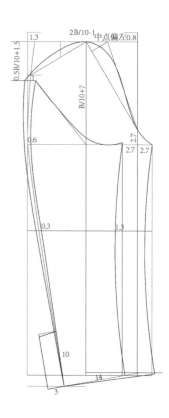

图 9-2　男西服结构图

（4）将上平线向下平移 0.5B / 10 + 1.5 cm，再向上 1 cm 与左框架线的交点和袖山顶点相连接。将袖山顶点与上平线向右偏进 1.3 cm 的点的距离二等分，中点向下作垂线，交于袖山斜线。将垂线二等分，画顺袖山弧线。

（5）将下平线向下平移 3 cm，下平线与右框架线的交点在平行线上找一点（记为点 f）相连接，长度为 14 cm。连接点 f 与左框架线和袖宽线的交点。

（6）在袖肘线上，前袖缝线向左偏 1.3 cm，画顺大小袖的前袖缝线。

（7）在上平线向下的平移线与弧线的交点处左右各取一点，长度为 1 cm。在袖肘线上，后袖缝线向左右偏 0.3 cm，画顺大小袖的后袖缝线。

（8）袖衩宽为 3 cm，袖衩止点在袖口向上 10 cm 的后袖缝上。

五、样板图（图9-3）

男西服推板

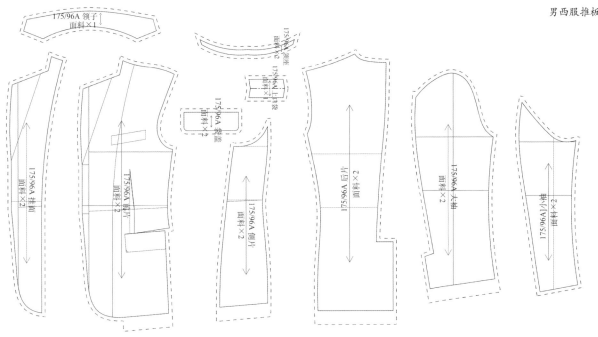

图 9-3　男西服样板

六、推板（图9-9）

（一）后片推板

一般情况下，男西服后片推板选取袖窿深线为横向基准线，后中线为纵向基准线，两线交点为基准点。后片推板数据见表 9-2，后片推板数值如图 9-4 所示。

表9-2 男西服后片推板数据　　　　　　　　　　　　　　　　　　　　　　　　　　单位：cm

放码点	长度方向	围度方向	备注
O	0	0	基准点
A	0.6	0	$\Delta Ay = \Delta$ 袖窿深线→上平线
B	0.6	0.2	$\Delta By = \Delta Ay$，$\Delta Bx = \Delta$ 后领宽
C	0.5	0.6	该点在距离长度方向基准线的 5/6 处，所以 $\Delta Cy = 0.5$，$\Delta Cx = \Delta$ 后背宽
D	0.2	0.65	该点在距离长度方向基准线的 1/3 处，所以 $\Delta Dy = 0.2$，$\Delta Dx = \Delta Ex$
E	0	0.65	$\Delta Ex = \Delta$ 后背宽 + 0.05（根据围度比例分配）
F	0.4	0.65	$\Delta Fy = \Delta Gy$，$\Delta Fx = \Delta Ex$
G	0.4	0	$\Delta Gy = \Delta$ 后腰线→上平线 $- \Delta Ay$
H	1.4	0.65	$\Delta Hy = \Delta Iy$，$\Delta Hx = \Delta Ex$
I	1.4	0	$\Delta Iy = \Delta$ 衣长 $- \Delta Ay$
J、K	0.8	0	该点在距离长度方向基准线的 4/7 处，所以 $\Delta Jy = \Delta Ky = 0.8$

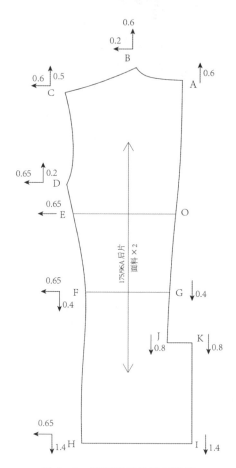

图9-4 男西服后片推板数值

（二）前片推板

一般情况下，男西服前片推板选取袖窿深线为横向基准线，前中线为纵向基准线，两线交点为基准点。前片推板数据见表 9-3，前片推板数值如图 9-5 所示。

表 9-3　男西服前片推板数据　　　　　　　　　　　　　　　　　　　　　　　　　　　　　　　单位：cm

放码点	长度方向	围度方向	备注	放码点	长度方向	围度方向	备注
O	0	0	基准点	H	0.4	0	$\Delta Hy = \Delta$ 后腰线→上平线 $- \Delta Ay$
A	0.6	0.3	$\Delta Ay = \Delta$ 袖窿深线→上平线，$\Delta Ax = \Delta Jx$	I	0.3	0	该点在距离长度方向基准线的 1/2 处，所以 $\Delta Iy = 0.3$
B	0.5	0.6	该点在距离长度方向基准线的 5/6 处，所以 $\Delta By = 0.5$，$\Delta Bx = \Delta$ 前胸宽	J	0.3	0.3	$\Delta Jy = \Delta Iy$，$\Delta Jx = \Delta$ 前领宽
C	0	0.8	$\Delta Cx = \Delta$ 前胸宽 $+ 0.2$（根据围度比例分配）	K、R、S	0.6	0.5	$\Delta Ky = \Delta Ry = \Delta Sy = \Delta Ey = \Delta Ly$，$\Delta Kx = \Delta Rx = \Delta Sx = \Delta Px$
D	0.4	0.8	$\Delta Dy = \Delta Hy$，$\Delta Dx = \Delta Cx$	M	0	0.35	$\Delta Mx = 0.35$（根据比例）
E、L	0.6	0.8	该点在距离长度方向基准线的 3/7 处，所以 $\Delta Ey = \Delta Ly = 0.6$，$\Delta Ex = \Delta Lx = \Delta Cx$	N	0	0.65	$\Delta Nx = \Delta$ 手巾袋 $+ \Delta Mx$（手巾袋档差为 0.3）
F	1.4	0.8	$\Delta Fy = \Delta Gy$，$\Delta Fx = \Delta Cx$	P	0	0.5	该点在距离围度方向基准线的 5/8 处，所以 $\Delta Px = 0.5$
G	1.4	0	$\Delta Gy = \Delta$ 衣长 $- \Delta Ay$	Q	0.4	0.5	$\Delta Qy = \Delta Hy$，$\Delta Qx = \Delta Px$

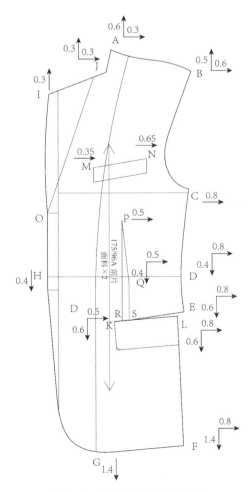

图 9-5　男西服前片推板数值

（三）侧片推板

一般情况下，男西服侧片推板选取袖窿深线为横向基准线，侧缝线为纵向基准线，两线交点为基准点。侧片推板数据见表9-4，侧片推板数值如图9-6所示。

表9-4　男西服侧片推板数据 单位：cm

放码点	长度方向	围度方向	备注
L	0	0	基准点
D	0.2	0.55	该点在距离长度方向基准线的1/3处，所以 $\Delta Dy = 0.2$，$\Delta Dx = \Delta Ex$
E	0	0.55	$\Delta Ex = 0.55$（根据围度比例分配）
F	0.4	0.55	$\Delta Fy = \Delta My$，$\Delta Fx = \Delta Ex$
H	1.4	0.55	$\Delta Hy = \Delta Ny$，$\Delta Hx = \Delta Ex$
M	0.4	0	$\Delta My = \Delta$ 腰节线→袖窿深线
N	1.4	0	$\Delta Ny = \Delta$ 衣长－Δ 袖窿深线→上平线

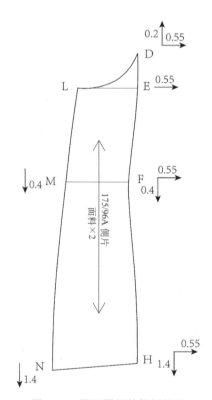

图9-6　男西服侧片推板数值

（四）大袖、小袖推板

一般情况下，男西服大袖、小袖推板选取袖宽线为横向基准线，袖中线为纵向基准线，两线交点为基准点。大袖、小袖推板数据见表9-5，大袖、小袖推板数值如图9-7所示。

表9-5 男西服大袖、小袖推板数据   单位：cm

放码点	长度方向	围度方向	备注
A	0.5	0	$\Delta Ay = \Delta$ 袖长 $/ 2$
B	0.4	0.35	该点在距离长度方向基准线的 $4/5$ 处，所以 $\Delta By = 0.4$，$\Delta Bx = \Delta Cx = \Delta Dx$
C、D	0	0.35	$\Delta Cx = \Delta Dx = \Delta$ 袖肥 $/2$（注：Δ 袖肥 $= \Delta$ 窿门宽 $-$ 省量1）
E	0.2	0.25	$\Delta Ey = \Delta Iy$，该点在距离长度方向基准线的 $5/7$ 处，所以 $\Delta Ex = 0.25$
F	0.5	0.15	$\Delta Fy = \Delta Gy$，$\Delta Fx = \Delta$ 袖口 $- \Delta Gx$
G	0.5	0.35	$\Delta Gy = \Delta$ 袖长 $- \Delta Ay$，$\Delta Gx = \Delta Cx = \Delta Dx$
I	0.2	0.35	该点在距离长度方向基准线的 $2/5$ 处，所以 $\Delta Iy = 0.2$，$\Delta Ix = \Delta Cx = \Delta Dx$

注：窿门宽指衣身样板上胸宽线到背宽线之间的距离。

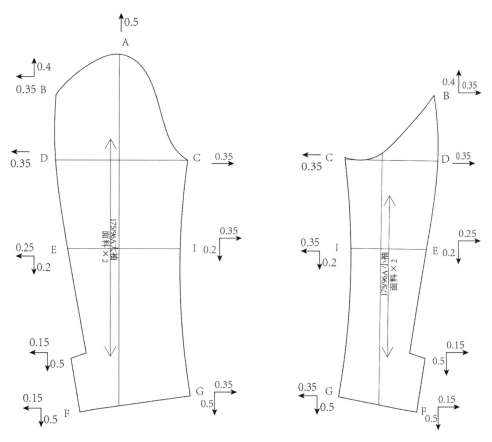

图9-7 男西服大袖、小袖推板数值

（五）挂面、领子、零部件推板

一般情况下，男西服挂面推板选取袖宽线为横向基准线，内袖缝线为纵向基准线，两线交点为基准点。挂面推板数据见表9-6，挂面、领子、零部件推板数值如图9-8所示。

表9-6　男西服挂面推板数据　　　　　　　　　　　　　　　　　　　　　　　　　　　　　　　　　单位：cm

放码点	长度方向	围度方向	备注
O	0	0	基准点
A、B	0.6	0.3	$\Delta Ay = \Delta$ 袖窿深线→上平线，$\Delta Ax = \Delta Jx$
G	1.4	0	$\Delta Gy = \Delta$ 衣长 $-\Delta Ay$
H	0.4	0	$\Delta Hy = \Delta$ 后腰线→上平线 $-\Delta Ay$
I	0.3	0	该点在距离长度方向基准线的 $1/2$ 处，所以 $\Delta Iy = 0.3$
J	0.3	0.3	$\Delta Jy = \Delta Iy$，$\Delta Jx = \Delta$ 前领宽

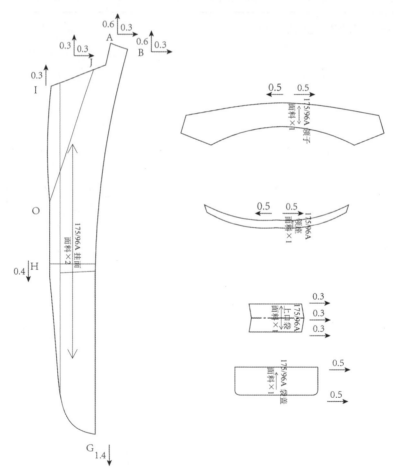

图9-8　男西服挂面、领子、零部件推板数值

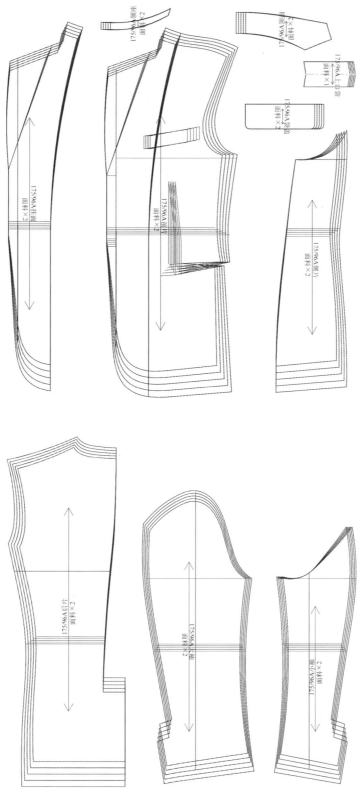

图9-9 男西服推板网状图

一、款式说明

男夹克，前中设有拉链，左右前身各有一个斜插袋。图9-10是男夹克款式图。

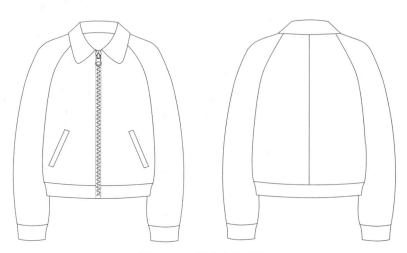

图9-10　男夹克款式图

二、规格设计（175/96A）

衣长：L = 62 cm。

肩宽：SW = 51 cm。

胸围：B = 120 cm。

领围：NL = 46 cm。

袖口：CW = 25 cm。

袖长：SL = 51 cm。

三、成品规格尺寸

男夹克成品规格尺寸见表9-7。

表9-7　男夹克成品规格　　　　　　　　　　　　　　　　　　　　　　　　单位：cm

部位	165/88A	170/92A	175/96A	180/100A	185/104A	档差
衣长	58	60	62	64	66	2
胸围	112	116	120	124	128	4
肩宽	48.6	49.8	51	52.2	53.4	1.2

（续表）

部位	165 / 88A	170 / 92A	175 / 96A	180 / 100A	185 / 104A	档差
领围	44	45	46	47	48	1
袖长	48	49.5	51	52.5	54	1.5
下摆	82	86	90	94	98	4
袖口	23	24	25	26	27	1

四、基本样板绘制（图9-11）

男夹克制板

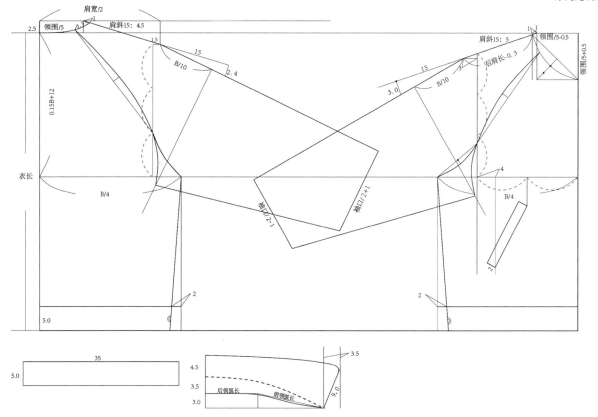

图9-11 男夹克结构图

五、样板图（图9-12）

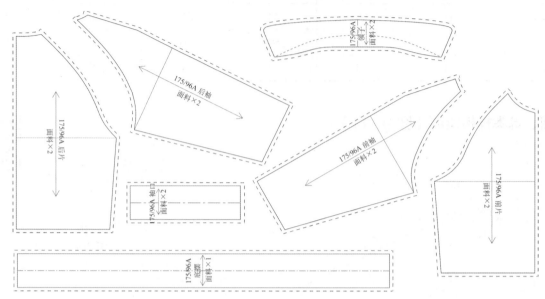

图9-12　男夹克样板

六、推板（图9-16）

（一）后片、后袖片推板

一般情况下，男夹克后片、后袖片推板选取袖窿深线为横向基准线，后宽线为纵向基准线，两线交点为基准点。后片、后袖片推板数据见表9-8，后片、后袖片推板数值如图9-13所示。

表9-8　男夹克后片、后袖片推板数据　　　　　　　　　　　　　　　　　　单位：cm

放码点	长度方向	围度方向	备注
O	0	0	基准点
A	0.6	0.6	△Ay = △袖窿深线→上平线，△Ax = △Dx
B、C	0.6	0.4	△By = △Cy = △Ay，△Bx = △Ax−△后领宽
D	0	0.6	△Dx = △后背宽
E	0	0.4	△Ex = △框架宽/2−△Dx
F	1.4	0.6	△Fy = △衣长−△Ay，△Fx = △Dx
G	1.4	0.4	△Gy = △Fy，△Gx = △Ex
H	0	0.6	△Hx = △Dx
I	0	0.4	△Ix = △Ex
J	1	0.3	△Jy = △袖长−0.5，△Jx = △Hx/2
K	1	0.2	△Ky = △Jy，△Kx = △Ix/2

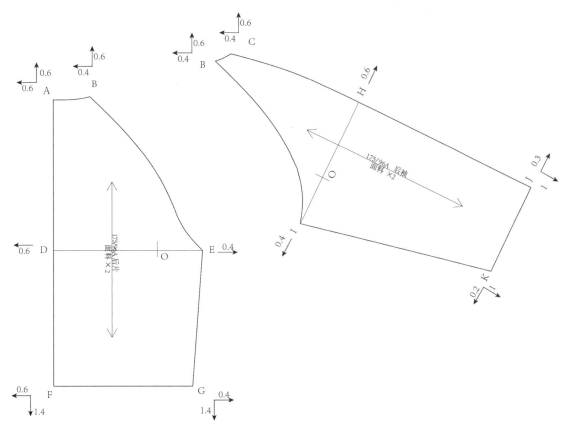

图 9-13　男夹克后片、后袖片推板数值

（二）前片、前袖片推板

一般情况下，男夹克前片、前袖片推板选取袖窿深线为横向基准线，前中线为纵向基准线，两线交点为基准点。前片、前袖片推板数据见表 9-9，前片、前袖片推板数值如图 9-14 所示。

表 9-9　男夹克前片、前袖片推板数据　　　　　　　　　　　　　　　　　　　　　　单位：cm

放码点	长度方向	围度方向	备注
O	0	0	基准点
A_1	0.4	0.6	$\Delta A_1 y = \Delta B_1 y - \Delta$ 前领深，$\Delta A_1 x = \Delta B_1 x$
B_1	0.6	0.4	$\Delta B_1 y = \Delta$ 袖窿深线→上平线，$\Delta B_1 x = \Delta A_1 x - \Delta$ 前领宽
C_1	0.6	0.4	$\Delta C_1 y = \Delta B_1 y$，$\Delta C_1 x = \Delta B_1 x$
D_1	0	0.6	$\Delta D_1 x = \Delta$ 后背宽
E_1	0	0.4	$\Delta E_1 x = \Delta$ 框架宽 $/ 2 - \Delta D_1 x$
F_1	1.4	0.6	$\Delta F_1 y = \Delta$ 衣长 $- \Delta A_1 y$，$\Delta F_1 x = \Delta D_1 x$
G_1	1.4	0.4	$\Delta G_1 y = \Delta F_1 y$，$\Delta G_1 x = \Delta E_1 x$
H_1	0	0.6	$\Delta H_1 x = \Delta D_1 x$
I_1	0	0.4	$\Delta I_1 x = \Delta E_1 x$
J_1	1	0.3	$\Delta J_1 y = \Delta$ 袖长 $- 0.5$，$\Delta J_1 x = \Delta H_1 x / 2$
K_1	1	0.2	$\Delta K_1 y = \Delta J_1 y$，$\Delta K_1 x = \Delta I_1 x / 2$

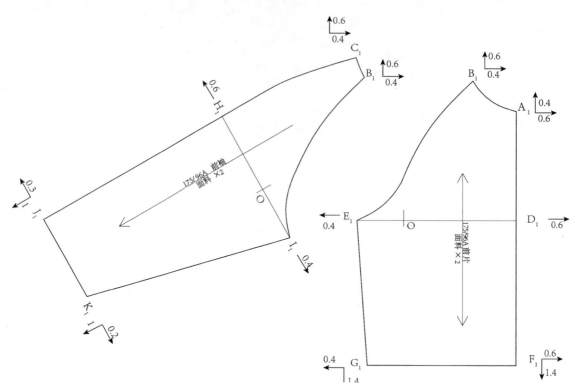

图 9-14　男夹克前片、前袖片推板数值

（三）零部件推板

零部件推板比较简单，放出档差即可。零部件推板数值如图 9-15 所示。

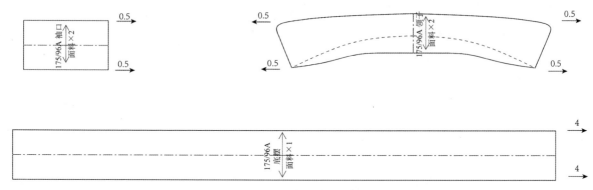

图 9-15　男夹克零部件推板数值

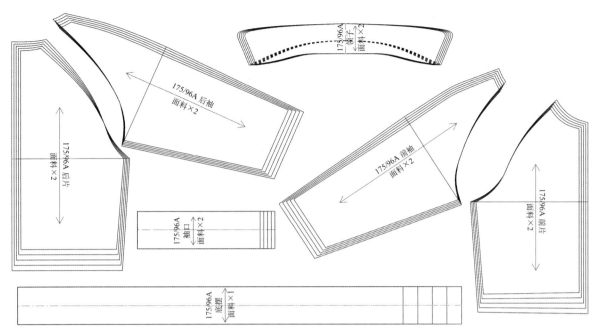

图 9-16 男夹克推板网状图

请完成图 9-17 所示变化款男装的制板与推板。

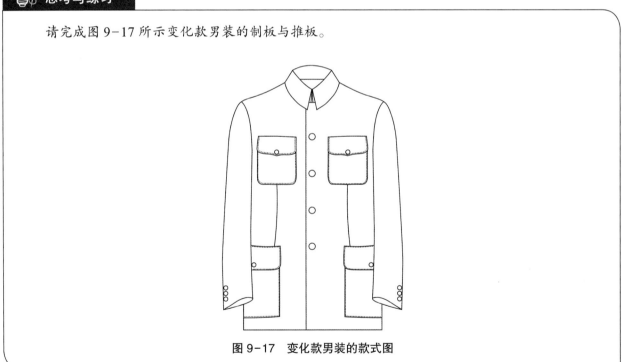

图 9-17 变化款男装的款式图

第十章

中式服装工业制板与推板

第一节　旗　袍

一、款式说明

旗袍，衣长至脚踝附近，设前后腰省，中式立领，前片双襟设计，两侧缝开衩，短袖。图 10-1 是旗袍款式图。

图 10-1　旗袍款式图

二、规格设计（160/84A）

衣长：L=116 cm。

胸围：B=88 cm。

腰围：W=72 cm。

臀围：H=93 cm。

三、成品规格尺寸

旗袍成品规格尺寸见表 10-1。

表 10-1　旗袍成品规格 　　　　　　　　　　　　　　　　　　　　　　　　　　　　　　　　单位：cm

部位	150/76A	155/80A	160/84A	165/88A	170/92A	档差
衣长	109	112.5	116	119.5	123	3.5
胸围	80	84	88	92	96	4
腰围	64	68	72	76	80	4
臀围	85	89	93	97	101	4

四、基本样板绘制（图 10-2）

旗袍制板

（一）后片

（1）在原型（指按照第三章女装工业原型的方法绘制的 88 cm 胸围的原型）的基础
上，省道向右偏 0.5 cm。将背宽线二等分，画顺弧形省。因为在腰节线以上，左边的弧形省长度比右
边长 0.6～0.8 cm，所以在靠近侧缝的腰节线处展开 0.5 cm，并将省尖点上抬 3 cm。

（2）将后中线向下延长，取衣长为 116 cm，在臀围线上取（B+2）/2+0.5 cm。

（3）以后中心线为基础，腰围至下摆劈进 2 cm，画顺背缝线。

（4）在下摆处，侧缝往内收 3～3.5 cm，背缝线上抬 0.5 cm，画顺侧缝和下摆。

（二）前片

（1）前颈点水平向左 1 cm，袖窿线向下 3～3.5 cm，连接两点并将其四等分，在第一等分点处向上
作垂线，长度为 2.5 cm，在第三等分点处向下作垂线，长度为 2 cm，画顺门襟弧线。

（2）在原型的基础上，省道向左偏 0.5 cm。在门襟弧线上找一点，画顺弧形省。

（3）在下摆处，侧缝往内收 5～5.5 cm，背缝线上抬 0.7 cm，画顺侧缝和下摆。

（4）前颈点水平向下 7 cm，腰围线向下 32 cm 交于侧缝线，再水平向右 7 cm，画顺小襟线。

（三）袖片

（1）袖山高：将前后衣片侧缝合并，以侧缝向上的延长线作为袖山线。袖山高是以前后肩高度差
的 1/2 到袖窿深线的 5/6 来确定的。

（2）袖长线：自袖宽线向下量取 8 cm，画袖口基线。

（3）袖肥大：从袖山点分别量取前 AH－1 cm 和后 AH－0.5 cm，连接到袖窿深线以确定袖肥。

（4）袖山弧线：在袖山顶点左右分别取 5 cm，复制前后袖窿弧线，在袖窿深线的 1/6 处与之相切；
以袖窿深线的 2/5 点为基点，作水平线，与相切线的交点连接袖山顶点；将此线二等分，连接等分点和

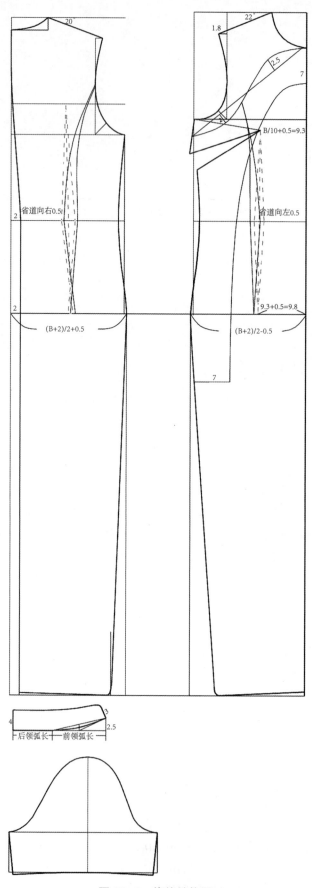

图 10-2　旗袍结构图

上平线与切线的交点，画顺袖山弧线。

（5）袖身：前后袖底缝各向内收 0.8 cm，反向起翘 0.5 cm，注意袖口与袖底缝成直角。

（四）立领

旗袍立领。底领大 = 前领弧长 + 后领弧长，后领座高 4 cm，领嘴起翘 2.5 cm，作垂线，长度为 3 cm，连辅助线，画出立领造型。

五、样板图（图 10-3）

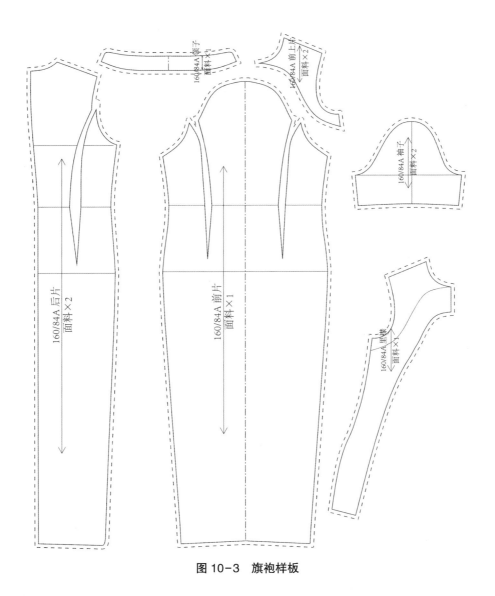

图 10-3　旗袍样板

六、推板（图 10-7）

（一）后片推板

一般情况下，旗袍后片推板选取袖窿深线为横向基准线，后中线为纵向基准线，两线

旗袍推板

交点为基准点。后片推板数据见表10-2，后片推板数值如图10-4所示。

表 10-2　旗袍后片推板数据　　　　　　　　单位：cm

放码点	长度方向	围度方向	备注
D	0	0	基准点
A	0.7	0	△Ay = △ 后腰线→上平线 - △Fy
B	0.7	0.2	△By = △Ay，△Bx = △ 后领宽
C	0.6	0.5	该点在距离长度方向基准线的6/7处，所以 △Cy = 0.6，△Cx = △ 肩宽
E	0	1	△Ex = △ 框架宽 / 2
F	0.3	0	△Fy = △ 后腰线→袖窿深线
G	0.3	1	△Gy = △Fy，△Gx = △Ex
H	0.8	0	△Hy = △ 腰围→臀围 + △Fy
I	0.8	1	△Iy = △Hy，△Ix = △Ex
J	2.8	0	△Jy = △ 衣长 - △Ay
K	2.8	1	△Ky = △Jy，△Kx = △Ex
L、M	0.3	0.6	该点在距离长度方向基准线的3/7处，所以 △Ly = △My = 0.3，△Lx = △Mx = △ 后背宽
N、O	0	0.3	△Nx = △Ox = △ 胸围 / 12≈0.3
P、Q	0.3	0.3	△Py = △Qy = △Fy，△Px = △Qx = △Nx = △Ox
R	0.6	0.3	该点在距离长度方向基准线的3/4处，所以 △Ry = 0.6，△Rx = △Nx = △Ox

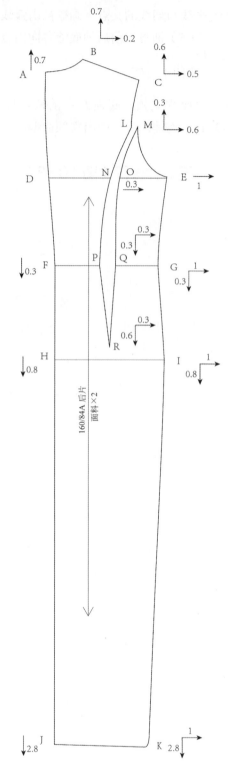

图 10-4　旗袍后片推板数值

（二）前片、前上片推板

　　一般情况下，旗袍前片、前上片推板选取袖窿深线为横向基准线，前中线为纵向基准线，两线交点为基准点。前片、前上片推板数据见表10-3，前片、前上片推板数值如图10-5所示。

表 10-3　旗袍前片、前上片推板数据　　　　　　　　　　　　　　　　　　　　　　　　　　　　　　单位：cm

放码点	长度方向	围度方向	备注	放码点	长度方向	围度方向	备注
A_1	0.5	0	$\Delta A_1y = \Delta B_1y - \Delta$ 前领深	I_1	0.8	1	$\Delta I_1y = \Delta H_1y$，$\Delta I_1x = \Delta D_1x = \Delta E_1x$
B_1	0.7	0.2	$\Delta B_1y = \Delta$ 后腰线→上平线 $- \Delta F_1y$，$\Delta B_1x = \Delta$ 前领宽	J_1	2.8	0	$\Delta J_1y = \Delta$ 衣长 $- \Delta B_1y$
C_1	0.6	0.5	该点在距离长度方向基准线的 6／7 处，所以 $\Delta C_1y = 0.6$，$\Delta C_1x = \Delta$ 肩宽	K_1	2.8	1	$\Delta K_1y = \Delta J_1y$，$\Delta K_1x = \Delta D_1x = \Delta E_1x$
D_1、E_1	0	1	$\Delta D_1x = \Delta E_1x = \Delta$ 框架宽／2	L_1、M_1	0.3	0.3	该点在距离长度方向基准线的 3／7 处，所以 $\Delta L_1y = \Delta M_1y = 0.3$，$\Delta L_1x = \Delta M_1x = \Delta N_1x = \Delta O_1x$
F_1	0.3	0	$\Delta F_1y = \Delta$ 后腰线→袖窿深线				
G_1	0.3	1	$\Delta G_1y = \Delta F_1y$，$\Delta G_1x = \Delta D_1x = \Delta E_1x$	N_1、O_1	0.3	0.3	$\Delta N_1y = \Delta O_1y = \Delta F_1y$，$\Delta N_1x = \Delta O_1x = \Delta$ 胸围／12 ≈ 0.3
H_1	0.8	0	$\Delta H_1y = \Delta$ 腰围→臀围 $+ \Delta F_1y$	P_1	0.6	0.3	该点在距离长度方向基准线的 3／4 处，所以 $\Delta P_1y = 0.6$，$\Delta P_1x = \Delta N_1x = \Delta O_1x$

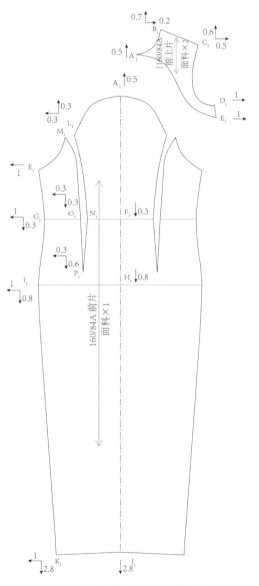

图 10-5　旗袍前片、前上片推板数值

（三）里襟、袖子、领子推板

一般情况下，旗袍里襟推板选取袖窿深线为横向基准线，前中线为纵向基准线，两线交点为基准点；袖子推板选取袖肥线为横向基准线，袖中线为纵向基准线，两线交点为基准点。里襟、袖子、领子推板数据见表10-4，里襟、袖子、领子推板数值如图10-6所示。

表10-4 旗袍里襟、袖子、领子推板数据　　　　　　　　　　　　　　　　　　　　单位：cm

放码点	长度方向	围度方向	备注
A	0.5	0	$\Delta Ay = \Delta$ 袖山高
B、C	0	0.8	$\Delta Bx = \Delta Cx = \Delta$ 袖肥
D、E	0.2	0.6	该点在距离长度方向基准线的 2/5 处，所以 $\Delta Dy = \Delta Ey = 0.2$； 该点在距离围度方向基准线的 3/4 处，所以 $\Delta Dx = \Delta Ex = 0.6$
B_2	0.7	0.2	$\Delta B_2y = \Delta$ 袖窿深线→上平线，$\Delta B_2x = \Delta$ 前领宽
C_2	0.6	0.5	该点在距离长度方向基准线的 6/7 处，所以 $\Delta C_2y = 0.6$，$\Delta C_2x = \Delta$ 肩宽
D_2	0	1	$\Delta D_2x = \Delta$ 框架宽 /2
E_2	0.4	0	该点在距离长度方向基准线的 4/7 处，所以 $\Delta E_2y = 0.4$
F_2	0.8	1	该点在距离长度方向基准线的 2/7 处，所以 $\Delta F_2y = 0.8$，$\Delta F_2x = \Delta D_2x$
G_2	0.8	0.8	该点在距离围度方向基准线的 4/5 处，所以 $\Delta G_2x = 0.8$，$\Delta G_2y = \Delta F_2y$

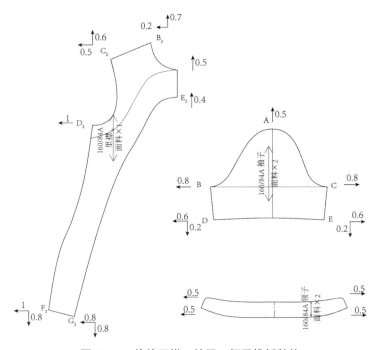

图 10-6　旗袍里襟、袖子、领子推板数值

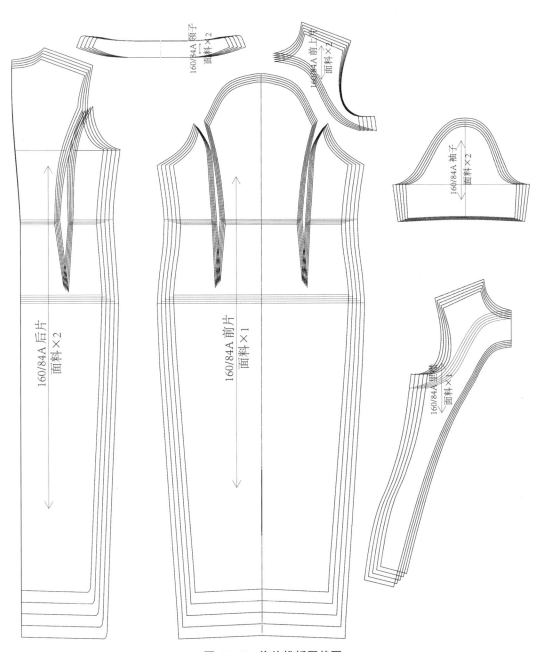

图 10-7　旗袍推板网状图

第二节　中式连袖女上衣

一、款式说明

中式连袖上衣，右襟斜开至腋下。图 10-8 是中式连袖女上衣款式图。

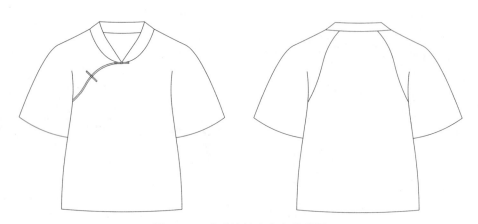

图 10-8　中式连袖女上衣款式图

二、规格设计（160 / 84A）

衣长：L = 65 cm。
胸围：B = 100 cm。
袖长：SL = 43 cm。
袖口：CW = 39 cm。

三、成品规格尺寸

中式连袖女上衣成品规格尺寸见表 10-5。

表 10-5　中式连袖女上衣成品规格　　　　　　　　　　　　　　　　　　　　　　　　　　　　　单位：cm

部位	150 / 76A	155 / 80A	160 / 84A	165 / 88A	170 / 92A	档差
衣长	61	63	65	67	69	2
胸围	92	96	100	104	108	4
袖长	41	42	43	44	45	1

四、基本样板绘制（图10-9）

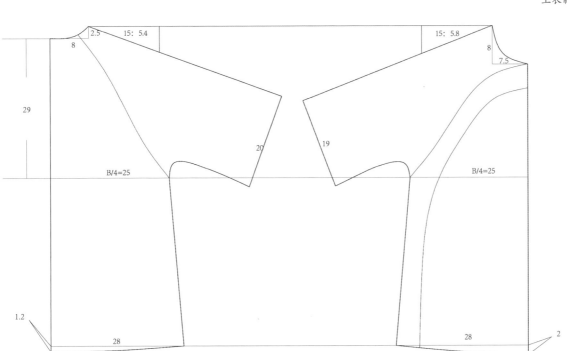

图 10-9　中式连袖女上衣结构图

五、样板图（图10-10）

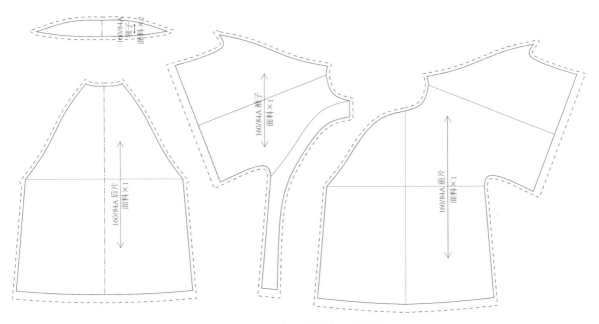

图 10-10　中式连袖女上衣样板

六、推板（图 10-13、图 10-14）

（一）后片、后袖片推板

一般情况下，中式连袖女上衣后片、后袖片推板选取袖窿深线为横向基准线，后中线为纵向基准线，两线交点为基准点。后片、后袖片推板数据见表 10-6，后片、后袖片推板数值如图 10-11 所示。

表 10-6　中式连袖女上衣后片、后袖片推板数据　　　　　　　　　　　　　　　　　单位：cm

放码点	长度方向	围度方向	备注
A	0.7	0	$\Delta Ay = \Delta$ 袖窿深线→上平线
B、C	0.7	0.2	$\Delta By = \Delta Cy = \Delta Ay$，$\Delta Bx = \Delta Cx = \Delta$ 后领宽
D、E	0	1	$\Delta Dx = \Delta Ex = \Delta$ 框架宽 / 2
F、G	1.3	1	$\Delta Fy = \Delta Gy = \Delta$ 衣长 $- \Delta Ay$，$\Delta Fx = \Delta Gx = \Delta Dx = \Delta Ex$
C_1	0.7	0.2	$\Delta C_1y = \Delta Cy$，$\Delta C_1x = \Delta Cx$
D_1	0	1	$\Delta D_1x = \Delta Dx$
H、Q	0.5	1	$\Delta Hy = \Delta Qy = \Delta$ 袖长 -0.5，$\Delta Hx = \Delta Qx = \Delta D_1x$

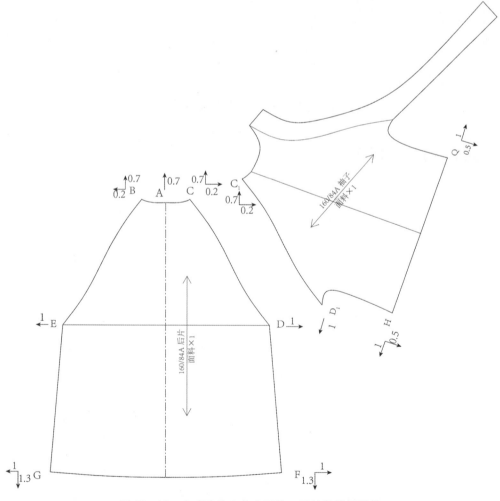

图 10-11　中式连袖女上衣后片、后袖片推板数值

（二）前片、前袖片推板

一般情况下，中式连袖上衣前片、前袖片推板选取袖窿深线为横向基准线，前中线为纵向基准线，两线交点为基准点。前片、前袖片推板数据见表10-7，前片、前袖片推板数值如图10-12所示。

表10-7　中式连袖女上衣前片、前袖片推板数据　　　　　　　　　　　　　　　　　　　　　　单位：cm

放码点	长度方向	围度方向	备注
A_1	0.5	0	$\Delta A_1y = \Delta B_1y - \Delta$ 前领深
B_1	0.7	0.2	$\Delta B_1y = \Delta$ 袖窿深线→上平线，$\Delta B_1x = \Delta$ 前领宽
C_1、D_1	0	1	$\Delta C_1x = \Delta D_1x = \Delta$ 框架宽 / 2
E_1、F_1	1.3	1	$\Delta E_1y = \Delta F_1y = \Delta$ 衣长 $- \Delta B_1y$，$\Delta E_1x = \Delta F_1x = \Delta C_1x = \Delta D_1x$
G	1.3	1	$\Delta Gy = \Delta E_1y = \Delta F_1y$，$\Delta Gx = \Delta E_1x = \Delta F_1x$
H	0	1	$\Delta Hx = \Delta C_1x = \Delta D_1x$
I	0.7	0.2	$\Delta Iy = \Delta B_1y$，$\Delta I_1x = \Delta B_1x$

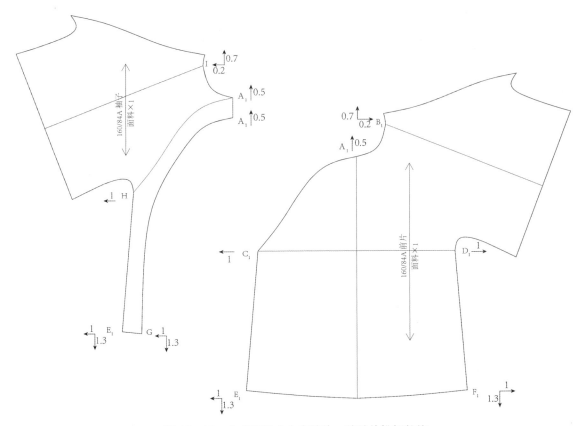

图10-12　中式连袖女上衣前片、前袖片推板数值

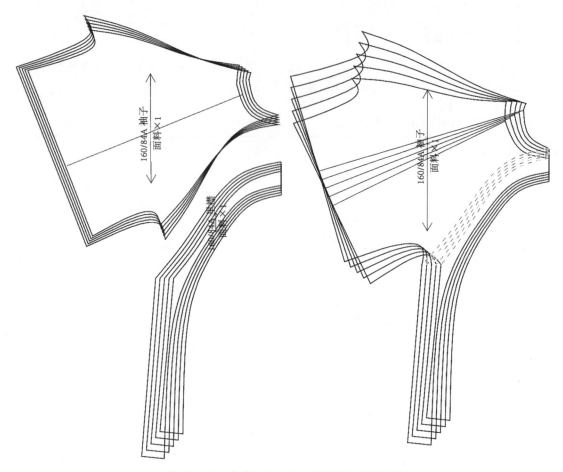

图 10-13　中式连袖女上衣袖片拼合推板网状图

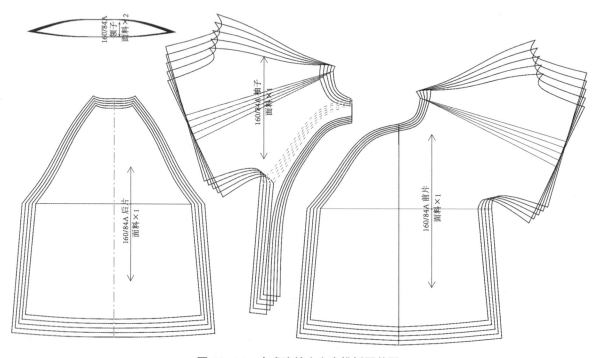

图 10-14　中式连袖女上衣推板网状图

思考与练习

请完成图 10-15 所示变化款中式男装的制板与推板。

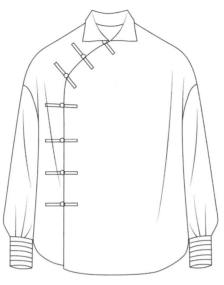

图 10-15 变化款中式男装的款式图

第十一章

服 装 排 料

服装排料又称排唛架，是指在满足设计、制作等要求的前提下，将服装各规格的所有衣片样板在指定的面料幅宽内进行科学的排列，制定出用料定额。服装工业化生产中面辅料的裁剪实行批量裁剪，不同于单件的量体裁衣排料，它需运用全套的号型规格样板，按照既定的号型搭配比例和色码等生产要求，进行周密的计算与科学合理的套排、画样，并做出裁剪下料的具体设计方案，使服装工业化生产能够根据现今小批量、多品种的市场需求及时调整，这对于我国服装工业进入从设计到成衣制作高速化、自动化、高效率的新时代，有着举足轻重的作用。

一、排料的必备要件

（一）订单明细

订单明细中的款式要求是对制板的制约，样板制作应符合款式的效果。

（二）全码尺寸表

全码尺寸表为号型规格提供了依据，也代表了对面料性能的要求，比如面料的缩水率、热缩率、倒顺毛、对条对格等都会对样板的尺寸有一定影响，需要提前考虑面料的性能。

（三）样衣或款式图

由尺寸表和样衣或款式图可以做出样板。

（四）面料的门幅和缩率

面料的门幅和缩率是影响排料效率和成品质量的关键因素，合理处理这两者能有效控制成本、减少浪费并确保服装尺寸精准。

（五）其他信息

包括面料的品质（主要为面料的色差情况），面料的特征（是否有方向性，如灯芯绒的毛向要求、印花布的文字图案方向要求、编织纹的阴阳纹路情况）等其他影响排料的信息。

二、服装排料的规则

（一）面料正反一致和衣片左右对称

大多数服装面料都是具有正反面的，而服装制作的要求一般是使用面料的工艺正面作为服装的表面。同时，服装结构中有许多衣片具有对称性，例如上衣的袖子、裤子的前后片等。因此，排料就是要既保证面料正反一致，又要保证衣片的对称，避免出现"一顺"现象。

（二）方向规则

面料有经向、纬向和斜向之分。首先是所有衣片的摆放都要使衣片上的经线方向与面料的经线方向相一致；二是没有倒顺方向和倒顺图案的面料可以将衣片掉转方向进行排料，以达到提高面料利用率的目的的，叫作倒顺排料，对于有方向区别和图案区别的材料就不能倒顺排料；三是对于格子面料，尤其是鸳鸯格面料，在排料时一定要做到每一层都对准相应位置，而且正面朝向要一致。

（三）大小主次规则

从材料的一端开始，按先大片、后小片，先主片、后次片的顺序排料，零星部件见缝插针，达到节省面料的目的。

（四）紧密排料规则

排料时，在满足上述规则的前提下，应该紧密排料，衣片之间尽量不要留有间隙，达到节省面料的目的。

（五）样板标记

注意每一个衣片样板的标记，一个样板标记两片的，往往是正反相对的两片。

三、服装排料的基本方法

（一）折叠排料法

折叠排料法是指将布料折叠成双层后再进行排料的一种排料方法，这种排料方法较适合少量制作服装时采用。折叠排料法省时省料，不会出现裁片同顺的错误。纬向对折排料指沿面料宽度方向（纬纱）折叠，形成上下两层，裁片在折叠后沿纬向排列。适用于需保持纬向弹性（如裤腰、袖口）的对称裁片或需要横向对格的面料。经向对折排料指沿面料长度方向（经纱）折叠，形成左右对称的两层，裁片沿经向排列。适用于需保持经向稳定性（如衬衫前片、西装领）的对称裁片或纵向对条的面料。

（1）优先选择纬向对折的情况：

① 裁片特性：左右对称且需保留纬向弹性的部件（如弹力裤腰、荷叶边）。

② 面料特性：纬向弹性大（如针织面料）；需横向对格（如棋盘格、横条纹）；门幅较宽（150 cm以上），可横向容纳多块裁片。

③ 工艺要求：避免经向过度拉伸（如蕾丝、弹力网布）。

（2）优先选择径向对折的情况：

① 裁片特性：左右对称且需保持经向稳定性的部件（如西装前片、衬衫门襟）。

② 面料特性：经向缩率低（如牛仔布、帆布）；需纵向对条（如竖条纹、经向印花）；门幅较窄（90～120 cm），需纵向排料节省空间。

③ 工艺要求：需避免纬向变形（如丝绸、雪纺等易纬斜的面料）。

（二）单层排料法

单层排料法是指将布料单层全部展开来进行排料的一种方法。

（1）对称排料。成品内衣的左右部位可在同一层布料上和合成对，也就是说，一片样板画好后必须翻身再画一片，进行单层对称排料。

（2）不对称排料。不对称内衣可以单层排料，包括罩杯左右不对称或者其中一片有折叠，以及需要拼接成完整印花等。

（3）其他排料。如遇到有倒顺毛、条格和花纹图案的面料，在左右部位对称的情况下，要先画好第一片样板后将它翻身，而第二片则按第一片的同样方向（包括长度和经向方向）画样。花边面料在排料时一定要注意对花、对波。

（三）多层平铺排料法

多层平铺排料法是指将面料全部以平面展开后进行多层重叠，然后用电动裁刀剪开各衣片，该排料法适用于成衣工厂的排料。布料背对背或面对面多层平铺排料，适合于对称及非对称式服装的排料。遇到倒顺毛、条格和花纹图案时一定要慎重，在左右部位对称的情况下，设计倒顺毛向上或向下保持一致。有上下方向感的花纹面料排料时要使各裁片的花纹图案统一朝上。

（四）套裁排料法

套裁排料法是指两件或两件以上的服装同时排料的一种排料法，该排料法主要适合家庭及个人为节省面料和提高面料利用率的一种排料方法。

（五）紧密排料法

紧密排料法的要求是，尽可能地利用最少的面料排出最多的裁片，其基本方法包括：

（1）先长后短。如前后裤片先排，然后再排其他较短的裁片。

（2）先大后小。如先排前后衣片、袖片，然后再排较小的裁片。

（3）先主后次。如先排暴露在外面的袋面、领面等，然后再排次要的裁片。

（4）见缝插针。排料时要利用最佳数学排列原理，在各个裁片形状相吻合的情况下，利用一切可利用的面料。

（5）见空就用。在排料时如看到有较大的面料空隙时，可以通过重新排料组合，或者利用一些边角料进行拼接，最大程度地节省面料，降低服装成本。

（六）合理排料法

合理排料法是指排料不仅要追求省时省料，同时还要全面分析布局的科学性。要根据款式的特点从实际情况出发，随机应变，物尽其用。

（1）避免色差。一般有较重色差的面料是不可用的，但有时色差很小或不得不用时，我们就要考虑如何合理地排料。一般布料两边的色泽质量相对较差，在排料时要尽量将裤子的内侧缝排放在面料两侧，因为外侧缝线的位置视觉上要比内侧缝的位置重要得多。

（2）合理拼接。在考虑充分利用面料的同时，挂面、领里、腰头、袋布等部位的裁剪通常可采用拼接的方法。例如，领里部分可以多次拼接，挂面部分也可以拼接，但是不要拼在最上面的一粒纽扣的上部，或最下面一粒纽扣的下面，以免影响美观。

（3）图案的对接。在排有图案的面料时，一定要进行计算和试排料来求得正确的图案吻合，使排料符合专业要求。

（4）按设计要求，样板的丝缕方向须与面料的丝缕方向保持一致。

四、服装排料的要求

整理要求：避免色差，利用布边，合理拼接，掌握丝缕方向。

（1）避免色差。对于有严重色差的面料，一般不宜利用。但如果色差不是很大，就要考虑如何既能避免色差又能充分利用面料。

（2）利用布边。一般来说，布边由于原料在加工过程中会留有较宽的针眼，排料时如不考虑避开针眼，将严重影响服装的质量和美观。为了既保证服装的质量，又能节约面料，一般布边的利用不得超过1 cm。

（3）合理拼接。在考虑节约用料的情况下，部分里料部件的裁剪通常可采取拼接方法。如衬裙的里料以及贴边等，拼接以不影响美观为原则。

（4）掌握丝缕方向。凡高级内衣，衣片的丝缕方向是不允许歪斜的。但在普通内衣中，为了追求原料的利用率，允许在不影响外观的前提下，在素色面料和不太主要的部位，可以有适当的歪斜。

另外，如是批量的成衣排料，则要根据批量的大小，决定排料方法及尺码搭配。批量少的或格子面料可用双幅排料，批量大的可用单幅排料。如相同批量不同规格尺码的可以放在一起相互搭配排料，以减少重复排料，一般是小尺码与大尺码套排，中间尺码自行套排，余下布料可单件（套）排料。

五、特殊面料的排料

（一）倒顺毛、倒顺光面料的排料

（1）倒顺毛面料排料。倒顺毛是指织物表面绒毛呈现出方向性的倒状。排料分三种情况处理：

① 对于绒毛较长、倒状较重的面料，必须顺毛排料。

② 对于绒毛较短的织物，为了毛色顺，采用倒毛（逆毛向上）排料。

③ 对一些绒毛倒向较轻或成衣无严格要求的面料，为了节约面料，可以一件倒排、一件顺排进行套排。

但是，在同一件产品中的各个部件、零件中，倒顺向应当一致，不能有倒有顺。成品的领面翻下后与后衣身毛向一致。

（2）倒顺光面料排料。有一些织物，虽然不是绒毛状的，但由于整理时轧光等关系，有倒顺光，即织物的倒与顺两个方向的光泽不同，可以采用逆光向上排料以免反光，不允许在一件服装上有倒光、顺光混合的排料。

（二）倒顺花面料的排料

倒顺花面料是具有明显方向性和有规则排列形式的花型图案面料。这些花型图案有人像、山、水、桥、亭、树等不可以倒置的图案以及用于女裙、女衫等专用的花型图案。这种花型图案面料的排料要根据花型特点进行，不可随意放置样板。

（三）对条对格面料的排料

设计服装款式时，对于条格面料两片衣片相接时有一定的设计要求。有的要求两片衣片相接后面料的条格连贯衔接，如同一片完整面料；有的要求两片衣片相接后条格对称；也有的要求两片衣片相接后条格相互成一定角度。除了连接的衣片外，有的衣片本身也要求面料的条格图案成对称状。因此，在条格面料的排料中，需将样板按设计要求排放在相应部位，达到服装造型设计的要求。

（四）对花面料的排料

对花是指面料上的花型图案，经过缝制成为服装后，其明显的主要部位组合处的花型图案仍要保持一定程度的完整性或呈一定的排列。对花的花型，是丝织品上较大的团花，如龙、凤及福、禄、寿字等不可分割的团花图案。对花是我国传统服装的特点之一。排料时要计算好花型的组合应首先安排好胸部、背部花型图案的上下位置和间隔，以保持花型完整。

（五）色差面料的排料

色差即面料各部位颜色深浅存在差异，由印染过程中的技术问题所引起。常见面料色差问题为同匹衣料左右色差（称为边色差）；同匹衣料前后段色差（称为段色差）。

当遇到有色差的面料时，在排料过程中必须采取相应的措施，避免在服装产品上出现色差。有边色差的面料，排料时应将相组合的部件靠同一边排列，零部件尽可能靠近大身排列。有段色差的面料，排料时应将相组合的部件尽可能排在同一纬向上，同件衣服的各片排列时不应前后间隔距离太大，距离越大，色差程度就会越大。

六、画样

排料的结果要通过画样绘制出裁剪图，以此作为裁剪工序的依据。画样的方式有以下几种。

（一）纸皮画样

排料在一张与面料幅宽相同的薄纸上进行，排好后用铅笔将每个样板的形状画在各自排定的部位便得到一张排料图。裁剪时，将这张排料图铺在面料上，沿着图上的轮廓线与面料一起裁剪，此排料图只可使用一次。采用这种方式，画样比较方便。

（二）面料画样

将样板直接在面料上进行排料，排好后用画笔将样板形状画在面料上，铺布时将这块画料铺在最上层，按面料上画出的样板轮廓线进行裁剪。这种画样方式节省了用纸，但遇颜色较深的面料时，画样不如纸皮画样清晰，并且不易改动，需要对条格的面料则必须采用这种画样方式。

（三）漏板画样

排料在一张与面料幅宽相等、平挺光滑、耐用不缩的纸板上进行。排好后先用铅笔画出排料图，然后按画线准确打出细密小孔，得到一张由小孔连线而成的排料图，此排料图称为漏板。将此漏板铺在面料上，用小刷子沾上粉末，沿小孔涂刷，此粉末漏过小孔，在面料上显出样板的形状，作为开裁的依据。采用这种画样方式制成的漏板可多次使用，适合大批量服装产品的生产。

（四）计算机画样

将样板形状输入电子计算机，利用计算机进行排料，排好后可由计算机控制的绘图机把结果自动绘制成排料图。计算机排料又可分为自动排料和手工排料。计算机自动排料，速度快，可大大节省技术人员的工作时间，提高生产效率，但其缺点是材料利用率低，一般不采用。因此，在实际生产中常采用人工设计排料与计算机排料相结合的方式绘制排料图，这样既能节省时间又能提高面料利用率。

排料图是裁剪工序的重要依据，因此要求画得准确清晰。手工画样时，样板要固定不动，紧贴面料或图纸，手持画样，紧靠样板轮廓连贯画样，使线迹顺直圆滑，无间断，无双轨线迹。遇有修改，要清除原迹或做出明确标记，以防误认。画样的颜色要明显，但要防止污染面料。

第十二章

计算机在服装工业制板中的应用

第一节 服装 CAD 概述

一、服装 CAD 概念

CAD 是计算机辅助设计 computer aided design 的缩写，是一项建立在交互式计算机图形学基础上，集人工智能、数据库、网络通信等领域知识于一体，利用人机交互手段，实现产品开发、分析和修改，大大提高设计质量和效率的综合性技术。CAD 现被广泛应用于机械、电子、航空、航天、汽车、船舶、纺织、轻工、服装及建筑等各个领域。

服装 CAD 是用于服装设计制作的计算机辅助设计系统，包括服装效果设计、结构设计、工业样板设计等。服装 CAD 技术的推广应用，实现了服装设计、制板等流程的计算机化，加速了服装产业的技术改革及产品的改造。

二、服装 CAD 系统

服装 CAD 系统以计算机为核心，由软件和硬件两大部分组成。硬件包括计算机的主机与外部设备。外部设备包括数字化仪、扫描仪、数码相机、绘图仪、打印机、电脑裁床等设备。其中由计算机里的服装 CAD 软件起核心控制作用，其他的统称为计算机的外部设备，分别执行输入输出等特定功能（图 12-1）。

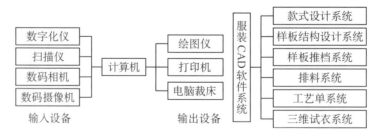

图 12-1 服装 CAD 软件系统

（一）服装 CAD 软件体系

服装 CAD 软件体系包括人体测量软件、虚拟试衣软件、电脑款式设计（FDS）、电脑样板设计（PDS）、电脑样板放缩（Grading）、电脑排料（Marking）等。

（二）服装辅助生产系统

服装辅助生产系统有计算机辅助制造（CAM）、计算机辅助工艺编排与计划（CAPP）、计算机柔性制造系统（FMS）、计算机信息管理系统（MIS）、计算机辅助分析（CAE），这些系统共同组成了计算机集成制造系统（CIMS）等。

三、服装 CAD 的作用

服装 CAD 技术是 CAD 技术应用的典范，它的推广与应用使得服装行业发生了巨大的变革。服装 CAD 在工业上的作用主要体现在：

①提高服装设计质量；②提高设计时效；③降低生产成本；④减轻劳动强度；⑤改善工作环境；⑥便于生产管理；⑦提高市场反应能力。

四、国内外服装 CAD 发展状况

服装 CAD 技术应用始于 20 世纪 70 年代，美国的罗恩·马特尔提出了服装 CAD 的初始模型，即由输入设备读取手工样板，在计算机中进行排料，然后输出。美国的格柏（Gerber）公司在服装 CAD 技术市场化的过程中起到了巨大的推进作用，他们将罗恩·马特尔开发的服装排料系统推广到了很多企业，随后法国力克（Lectra）公司也推出了服装 CAD 系统。随后又出现了另外几家服装 CAD 软件供应商，如西班牙的艾维斯（Investronica）公司和德国的艾斯特奔马（Assyst-Bullmer）公司。进入 20 世纪 90 年代中期，我国也开始着手研发服装 CAD 系统，如深圳盈瑞恒科技有限公司、北京日升天辰电子有限责任公司等。那个阶段的服装 CAD 技术的应用主要集中在服装纸样设计、推板和排料方面，部分软件推出了款式设计功能。

到 20 世纪 90 年代末，国内外一些服装 CAD 软件公司和院校开始研究三维服装 CAD 技术。三维服装 CAD 技术，是指在计算机上实现三维虚拟人体、三维服装设计、二维纸样的三维缝合及三维试衣效果的动态展示等全过程，其最终目的在于不经过实际样衣的制作和试穿，而是由虚拟模特试穿，从而节省时间和财力，提高服装的生产效率和设计质量。三维服装 CAD 技术经过二十多年的发展，目前已经有多款成型的产品，包括 V-Stitcher、CLO3D、Style3D 和 Optitex 等。

（一）国际服装 CAD 系统案例

1. 美国格柏系统

20 世纪 80 年代初进入中国市场，对中国服装 CAD 技术的应用与开发起到了带动和示范作用。系统功能包括设计、采购、款式开发、系列样板设计、放码、排料、开头样、生产数据管理、三维试衣、量身定做等软件系统和专用绘图机与切割机、全自动铺布机、多层自动裁床、单层裁床和柔性吊挂生产线等性能先进、配套性强的硬件设备。

2. 法国力克系统

20 世纪 90 年代初进入中国市场，以其"优异的性能、合理的价格"及得当的营销策略在中国市场赢得了较大的份额。力克公司产品齐全、功能强大，包括澎马图艺系统，结构设计与放码系统，排料系统，工艺单制作系统，电子产品目录系统，量身定做系统，三维视觉商店设计系统，产品资料管理系统，裁剪计划管理系统，机织物设计系统等系列专业软件及大型专用绘图机，样板切割机，单层裁床，多层裁床，三维人体扫描仪，智能铺布机等性能先进、配套性强的硬件设备。

3. CLO3D

CLO3D 是一款专业的 3D 可视化服装设计软件，广泛应用于时尚设计、虚拟试衣、动画制作及生产优化等领域。其核心功能在于通过高度仿真的布料物理模拟和实时渲染技术，帮助设计师快速创建三维服装模型并实现从设计到生产的全流程数字化。

主要功能如下：

（1）3D 建模：用户可以通过多边形建模和 NURBS 建模技术创建和编辑 3D 模型，支持复杂的几何形状和细节部分。

（2）物理模拟：通过模拟布料的物理特性，如弹性、摩擦力、悬垂性等，使得服装的运动和变形具有真实感。

（3）材质处理：支持多种材质属性的设置，如颜色、纹理、透明度等，确保服装的视觉效果。

（4）动画制作：提供关键帧动画和物理动画等多种动画类型，使得服装在虚拟环境中能够真实地运动和变形。

（5）渲染：将 3D 模型和材质渲染成高质量的图像或视频，支持多种渲染引擎和设置。

（二）国内服装 CAD 系统案例

1. 日升 CAD 系统

20 世纪 90 年代中期在日本服装 CAD 技术的基础上发展起来的一套服装 CAD 系统，由北京日升天辰电子有限责任公司开发，它较好地适应了国内服装业的实际需求并较早地开发了生产管理功能。特别是近几年在服装工业化制板、数据标准化方面做了一些扎实的开发工作并获得了很好的实用效果，赢得了业内的好评和用户的支持，树立了良好的品牌形象。系统功能包括：日本原型制作、数字化仪输入、样板设计、自动打板、样板放缩、排料设计、生产管理、绘图输出等。

2. 富怡 CAD 系统

深圳市盈瑞恒科技有限公司是富怡集团下属子公司，是专业从事开发、生产、销售、培训和服务于一体的高科技服装设备专业公司，公司为纺织服装企业提供设计、生产和管理全方位的 CAD 系统，计算机信息管理系统，CAM 系统等系列产品。富怡服装系列软件产品的近 9 种语言版本，已经在欧美、东南亚和中东等 18 个国家和地区销售。适用范围非常广泛，也是一款被政府采购、大学采购、大型重点信息工程招标评价的行业软件。

富怡主要产品：富怡服装工艺单系统、富怡服装工艺 CAD 系统、富怡服装款式设计系统、富怡服装专用数字化仪、富怡服装专用绘图仪、富怡服装 FMS 柔性制造生产管理系统。

3. Style3D

Style3D 是由浙江凌迪数字科技有限公司开发的软件，以"AI+3D"技术为核心驱动力，旨在赋能时尚行业的数字化转型和创新升级。该软件通过生成式人工智能和实时模拟的前沿研究，提供数字时尚软件、硬件、云平台和全面服务，覆盖设计、生产、营销等全链路。

主要功能如下：

（1）智能设计辅助与 3D 可视化：Style3D 提供智能设计工具，如 iCreate，能够帮助设计师更快更准确地创造、还原和修改设计创意。通过借助 AIGC 的深度学习能力，设计师可以提升设计效率。用户可以实时编辑服装效果，高度还原服装与模特的真实效果。利用 AI 工具，用户可以轻松还原服装的逼真细节。

（2）3D 柔性仿真：Style3D 结合全球领先的 3D 柔性仿真引擎，可以替代实物样衣和款式验证，大幅节约实物样衣损耗，提升设计效率。通过 3D 仿真技术，用户可以减少实物打样次数，降低打样成本，平均缩短设计周期 60%。

（3）高清渲染和试穿效果：Style3D 提供高清渲染穿搭图以及走秀视频效果，用户可以轻松进行营销推广。其"AI 试衣"功能可以呈现非常真实的模特试穿效果，支持一键换脸和换景，用户可以快速更换各种场景，便捷高效地进行产品推广。

五、服装 CAD 发展趋势

（一）集成化

减少流通环节，整合信息资源，集成单元系统于一体，是今后服装 CAD 发展的方向。服装 CAD 系统与自动裁床、吊挂传输和单元柔性生产系统以及企业信息管理系统的集成，共同构成服装企业的计算机集成制造系统（CIMS）。集成制造被越来越多的先进企业接受和发展，成为企业技术改造和现代化迈进的目标和方向。

（二）智能化

迄今为止，服装 CAD 仍然是辅助设计系统，指导原则是交互式。计算机科学领域中具有智能化的学科技术，比如专家系统、知识工程、机器学习等，正逐渐渗透到服装 CAD 中。随着计算机硬件性能的提高和二维、三维软件技术的进一步完善，服装 CAD 系统将融合多智能化技术，实现自动识别、智能生成服装样板以及更强大的自动放码和排料功能。

（三）虚拟化

随着三维服装 CAD 技术的成熟，三维服装 CAD 系统将应用于服装企业产品的开发和营销展示等多个方面，很大程度上实现产品的虚拟化，节省企业样品开发等的费用。

（四）标准化

各服装 CAD 系统的研究和开发应保证系统具有一定的开放性、规范性，使各系统的数据格式保持一致，能相互交流并传递信息。

（五）网络化

信息的及时获取、传送和快速反应，是企业生存和发展的基础。服装 CAD 系统的各种数据可通过网络进行通信，并与数据库技术相集成，以缩短产品开发周期、降低成本、提高质量、改进企业管理。

第二节　计算机辅助样板设计

一、号型规格表（图 12-2）

执行"号型"菜单下的"号型编辑"命令，在弹出的窗口内设置 160/66A 号型名，部位尺寸设计如图 12-2 所示（本节以富怡服装 CAD 制板软件为例进行计算机辅助样板设计的讲解）。

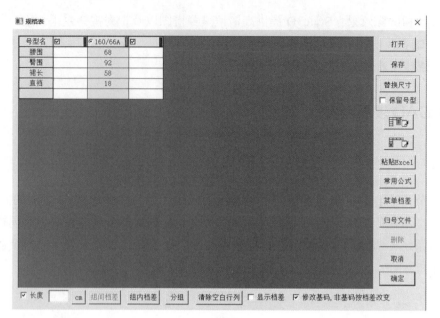

图 12-2 设置号型规格表

二、设计工具

（一）绘制基础线

（1）用"矩形"工具██绘制基础框架，弹出矩形对话框，单击"计算器"按钮，在左侧列表框中选择"臀围"，双击鼠标左键，输入"臀围/2"公式，系统自动计算出结果，用同样方法设置高度"裙长-3"，完成裙上平线、下平线、前后裙片中线等基础框架线的绘制，如图 12-3 所示。

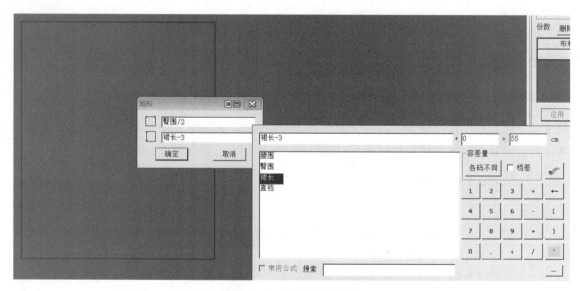

图 12-3 绘制基础框架

（2）选择"智能笔"工具单击后中心线，输入距上平线端点距离为 18 cm，即腰长尺寸，向右延伸画直线（右键可切换水平垂直线功能），移动鼠标，与右边直线相交时单击鼠标，臀围线完成，用同样方法绘制侧缝线，后片臀围/4-1 cm，前片臀围/4+1 cm，如图 12-4 所示。

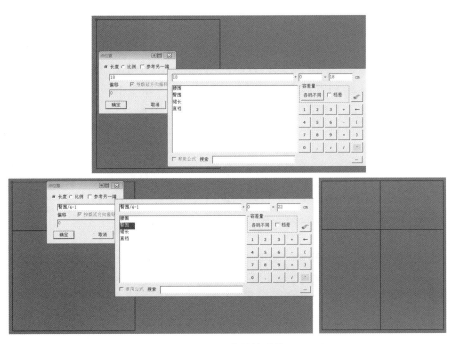

图 12-4 绘制基础线

（二）裙后片制板

用"智能笔"工具绘制腰围线和侧缝线：单击后中线，输入距上平线参照点的距离为 1 cm，确定后移动鼠标至后中心点，按 Enter 键，在弹出的对话框中，输入水平偏移量和纵向偏移量，水平为腰围 / 4−1 cm+4 cm（两个省道大），纵向为侧起翘高 0.7 cm，单击右键结束，如图 12-5 所示；然后用智能笔绘制后片侧缝线与后开衩。

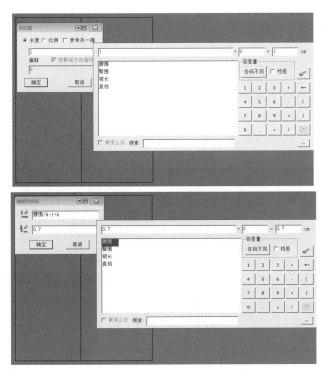

图 12-5 绘制后片腰围线与侧缝线

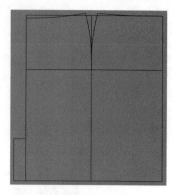

图 12-6 绘制前片腰围线与侧缝线

（三）裙前片制板

用"智能笔"工具绘制腰围线与侧缝线：方法同后裙片，其中前腰围大＝腰围／4＋1 cm＋4 cm（两个省道大），侧起翘高 0.7 cm，如图 12-6 所示；然后用智能笔画出侧缝线，用调整工具调整。

（四）裙腰头制板

用"矩形"工具▭绘制裙腰头：水平长度为腰围＋2 cm（搭门宽），纵向长度＝腰高×2；然后用"智能笔"工具绘制搭门线，右上方快捷工具栏窗口选择点类型▭，绘制腰对折线与搭门线，如图 12-7 所示。

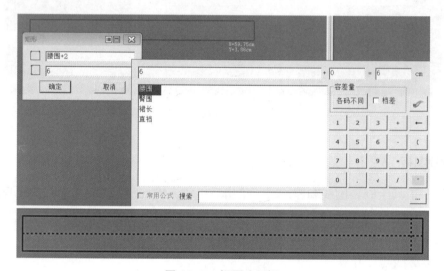

图 12-7 裙腰头制板

三、样板工具

（1）用"剪刀"工具✂拾取后裙片样板：依次单击各轮廓线，生成阴影区域，右键结束，自动生成样板并自动加放 1 cm 缝份。左键单击辅助线（臀围线），右键确定，臀围线变成绿色。按空格键，鼠标从"衣片辅助线工具"命令下转换成抓手工具，可以把样板移到结构线外任意位置，如图 12-8 所示。

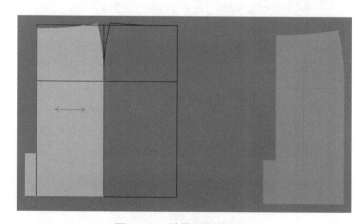

图 12-8 拾取后裙片样板

（2）用"V形省"工具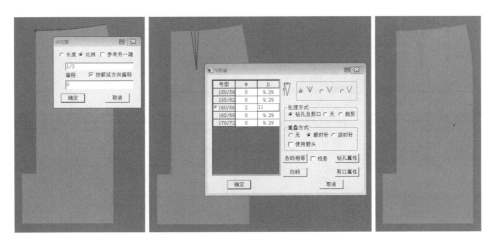做后裙片腰省：选择该工具后，单击腰线，弹出对话框，要求输入省道中心点距参照点的位置，选择"比例"方式输入，参照后中心点的距离为 1 / 3，确定后，单击，弹出"尖省"对话框，输入省宽 2 cm，省长 11 cm，确定。出现省道模拟缝合的腰线状态，可以在红线上调整腰口线至圆顺后单击右键结束，用同样的方法绘制另一条腰省，省宽 2 cm，省长 10 cm，如图 12-9 所示。

图 12-9　编辑后裙片腰省

（3）设置样板资料与布纹线上下文本的说明方式：选择"剪刀"工具，右键可在衣片拾取功能与衣片辅助线功能之间切换。切换后，按住 shift 键，单击右键，弹出样板资料对话框（或者单击菜单栏中"样板"，选择"样板资料"，弹出对话框），输入样板名称，下拉选择后裙片，布料名为面料；份数 2；布纹方向为双向，确定。放大可看到布纹线上下显示的文字。然后点击选项菜单中的系统设置按钮，进行布纹设置，选择布纹线上显示号型名与样板名，选择布纹线下显示布料类型与样板份数等，如图 12-10 所示。

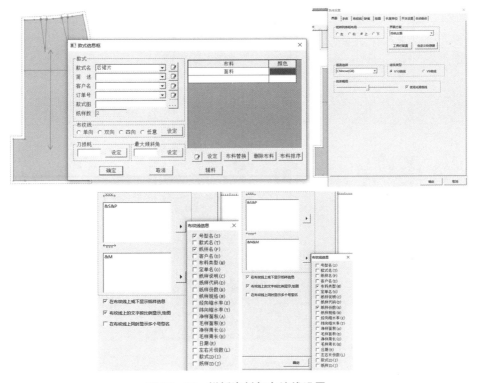

图 12-10　样板资料与布纹线设置

（4）用"加缝份"工具 修改底边缝份宽：选择该工具，框选底边缝份后，单击右键，在弹出的对话框中输入 4 cm，点击"确定"完成，如图 12-11 所示。

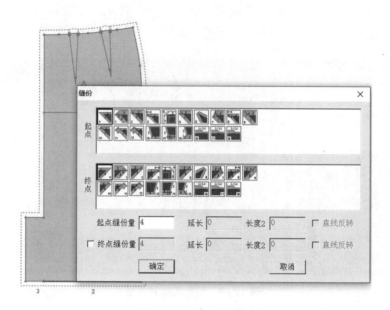

图 12-11　修改缝份

（5）用"布纹线"工具 修改布纹方向与款式工艺要求一致：选择该工具后，单击样板上的两点，布纹线与选择的两点方向一致，或者用该工具对准布纹线击右键，每单击一次，顺时针旋转 45°，如图 12-12 所示。

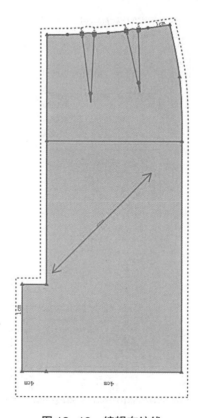

图 12-12　编辑布纹线

（6）完成裙后片样板。

（7）用"剪刀"工具 ✂ 拾取前裙片样板：方法同后裙片，如图12-13所示。

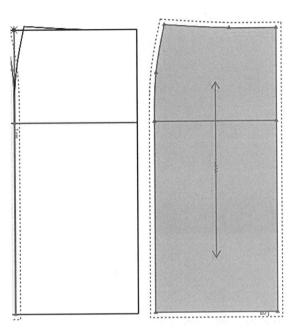

图12-13　拾取前裙片样板

（8）用"V形省"工具 ⬛ 做前裙片腰省：方法同后裙片，靠近前中心的省宽2 cm，省长10 cm，另一腰省的省宽2 cm，省长9 cm，如图12-14所示。

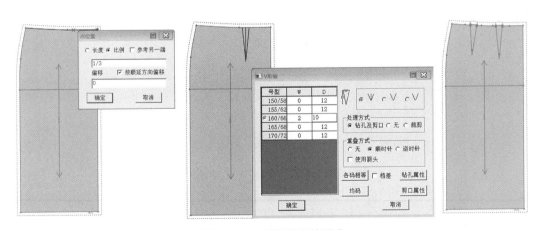

图12-14　编辑前裙片腰省

（9）同后片方法编辑前裙片底边缝份、布纹线方向、样板资料、布纹线上下的文字说明等，如图12-15所示。

（10）完成裙前片样板。

（11）用"剪刀"工具 ✂ 拾取裙腰样板：生成样板后，用布纹线与两点"平行"工具 ⬛ 改变布纹线方向到水平。打开样板资料对话框（选择"剪刀"工具，右键可在衣片拾取功能与衣片辅助线功能之间切换。切换后，按住shift键，单击右键，弹出样板资料对话框）与选项——在系统设置布纹设置对话框中完成样板设置，如图12-16所示。

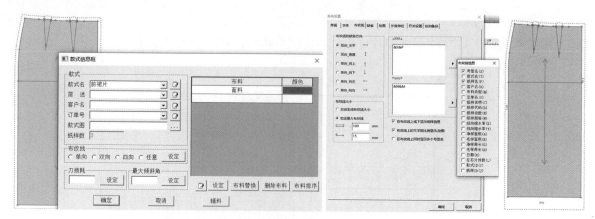

图 12-15　前裙片样板

图 12-16　裙腰头样板

（12）完成基础裙全部裁片，在侧缝线、臀围线边缘做剪口，表示对位记号。用"样板对称"工具
完成前裙片整个裁片，如图 12-17 所示。单击样板列表框中的样板，在样板菜单下，单击样板资料
命令，逐一对样板进行说明，如样板名称、布料类型与样板份数等。

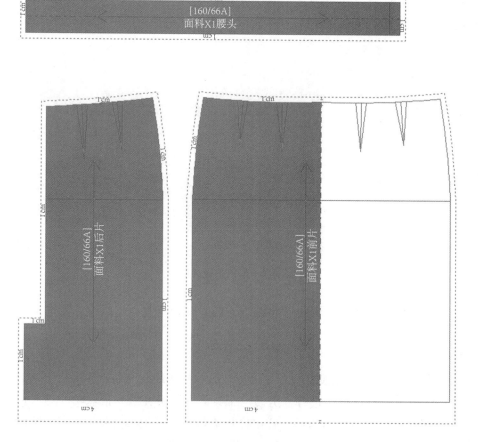

图 12-17　基础裙样板完成

四、推板（图12-18）

1. 设置号型规格表

选择"号型"菜单中的"号型编辑"命令，设置裙子的"号型规格表"，如图12-18所示。

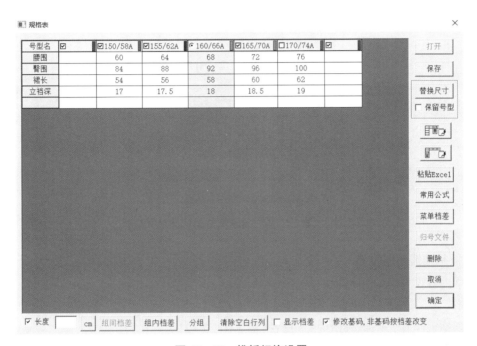

图12-18　推板规格设置

2. 设置颜色（图12-19）

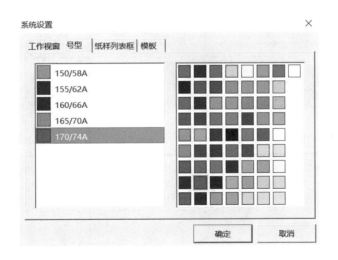

图12-19　设置颜色

3. 选择推板方式

单击快捷工具栏上的"点放码表"按钮，弹出"点放码表"对话框，如图12-20所示。

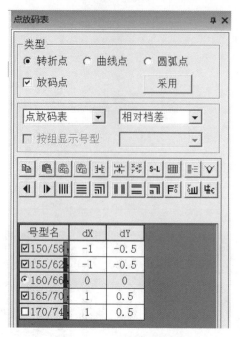

图 12-20　设置放码点数据

4. 设计推板基准线与基准点

参照第四章内容设置基础裙推板的基准线与基准点。

5. 放码操作

参照第四章推板步骤,隐藏缝份线后进行推板(图 12-21)。

(1)基础裙后片放码。

(2)基础裙前片放码。

(3)腰头放码。

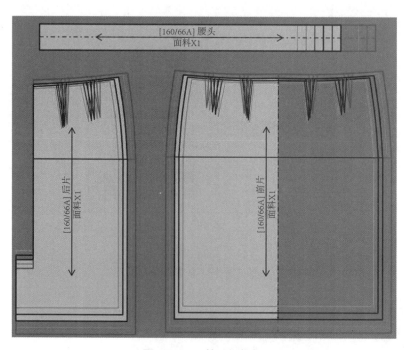

图 12-21　基础裙推板

五、排料

1. 新建排料图

单击"选择单位"按钮 ✐，弹出"量度单位"对话框，选择排料使用单位，如图 12-22 所示。

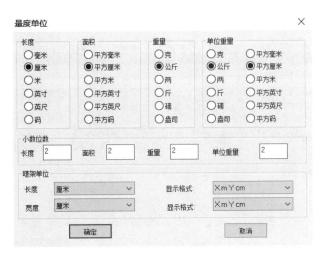

图 12-22 选择量度单位

2. 唛架设定

单击"新建"按钮 🗎，弹出"唛架设定"对话框，设定唛架的宽度和长度，选择料面模式并输入唛架边界等，如图 12-23 所示。

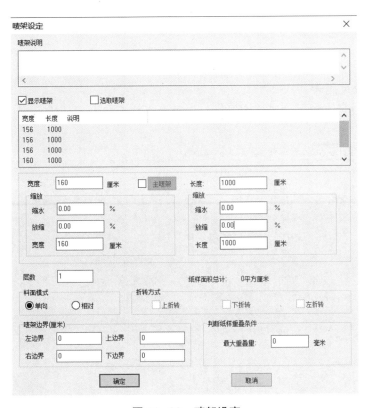

图 12-23 唛架设定

3. 纸样制单

唛架设定好后，单击"确定"按钮，弹出"选择款式"对话框，点击载入命令，打开文件弹出"纸样制单"对话框，设定每套裁片数量、布料种类、对称属性、号型数量等，如图 12-24 所示。

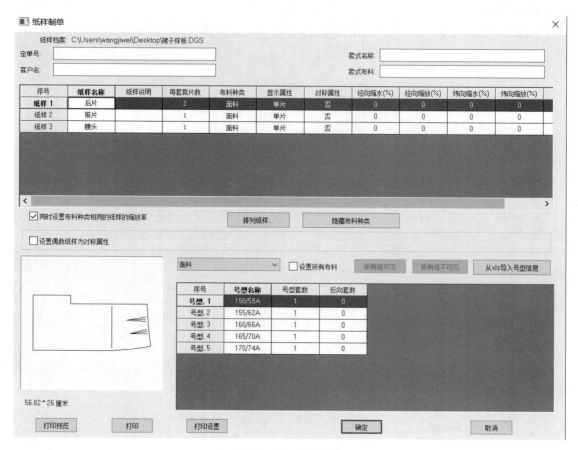

图 12-24 纸样制单

4. 展示纸样窗口及尺码表

"纸样制单"设置好后，单击"纸样窗"图标，展示纸样窗口及尺码表，如图 12-25 所示。

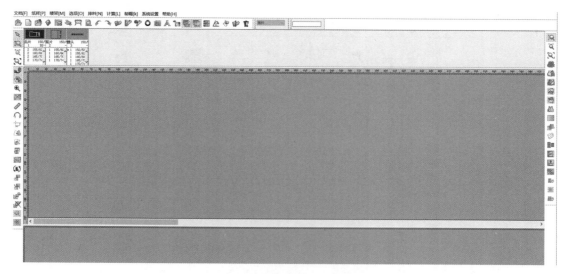

图 12-25 展示纸样窗口及尺码表

5. 选择排料方式

（1）定时排料

选择排料菜单下的"定时排料"命令，弹出"限时自动排料"窗口，设置好后，单击"确定"按钮，弹出"定时排料"对话框，如图 12-26 所示。

图 12-26　定时排料设置

定时排料利用率达到最高时点击"采用"，唛架上显示排料图，如图 12-27 所示。

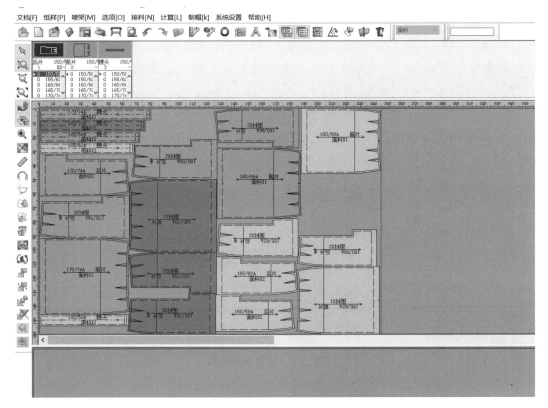

图 12-27　定时排料结果

（2）自动排料

选择排料菜单下的"排料"命令，弹出"自动排料设置"对话框，选择速度与其他方式后，单击"确定"按钮，选择"排料"菜单下的"开始自动排料"命令，如图 12-28 所示。

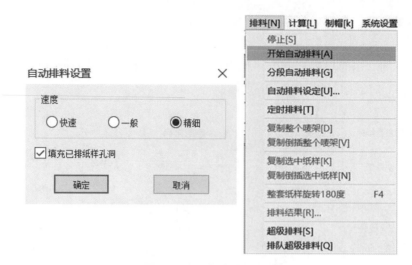

图 12-28　自动排料设置

排料结束后会弹出"排料结果"窗口，显示排料信息，如图 12-29 所示。

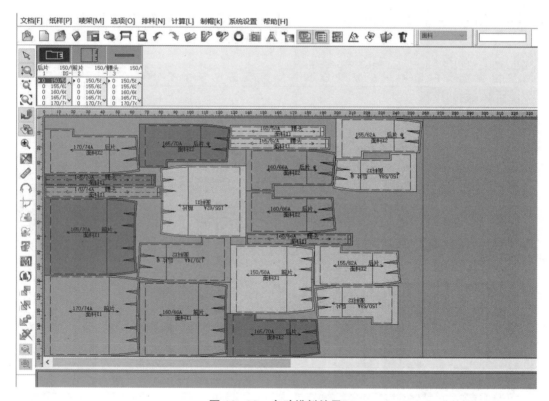

图 12-29　自动排料结果

服装 CAD 的排料是人机交互式排料，可手动调整样片的排放位置与方向，进一步提高面料利用率。

排料完成后，单击"文档"菜单下的"另存"命令，保存唛架，可进行多次排料，选择面料利用率高的唛架进行生产。

参 考 文 献

1. 潘波，赵欲晓，郭瑞良. 服装工业制板［M］. 北京：中国纺织出版社，2020.

2. 刘瑞璞. 女装纸样设计原理与应用［M］. 北京：中国纺织出版社，2017.

3. 张文斌. 服装结构设计：女装篇［M］. 北京：中国纺织出版社，2017.

4. 李正. 服装工业制板［M］. 上海：东华大学出版社，2003.

5. 王秀芝，赵欲晓. 服装工业制板与推板技术［M］. 上海：东华大学出版社，2017.

6. 刘建智. 服装结构原理与原型工业制板［M］. 北京：中国纺织出版社，2009.

7. 龙晋. 服装设计裁剪大全制图打板推板教程［M］. 北京：中国纺织出版社，2016.

8. 余国兴. 服装工业制版［M］. 2 版. 上海：东华大学出版社，2014.

9. 邹平，朴江玉，吴世刚. 服装工业制板技术［M］. 上海：东华大学出版社，2016.

10. 魏雪晶，魏丽. 服装结构原理与制板推板技术［M］. 北京：中国纺织出版社，2005.

11. 胡群英. 服装 CAD 板型应用［M］. 北京：中国纺织出版社，2016.

12. 周邦桢. 服装工业制板推板原理与技术［M］. 上海：东华大学出版社，2012.

13. 闵悦. 服装结构设计与应用［M］. 北京：北京理工大学出版社，2009.

14. 闵悦，李淑敏. 服装工业制版与推板技术［M］. 北京：北京理工大学出版社，2010.

15. 吴清萍，黎蓉. 服装工业制版与推板技术［M］. 北京：中国纺织出版社，2011.

16. 中国国家标准化管理委员会. 服装号型女子：GB/T 1335.2—2008［S］. 北京：中国标准出版社，2009.

17. 中国国家标准化管理委员会. 服装号型男子：GB/T 1335.2—2008［S］. 北京：中国标准出版社，2009.

18. 全国纺织品标准化技术委员会毛纺织品分技术委员会. 毛织物干热熨烫尺寸变化试验方法：FZ/T 20014—2010［S］. 北京：中国标准出版社，2010.

作者简介

刘鹏林

嘉兴南湖学院讲师。有两年服装企业工作经验，具备"双师双能型"教师资格，现主要承担"服装工业制板""服装CAD""服装导论"及"计算机辅助设计"等专业课程的教学工作。任教以来，教学业绩考核获多次优秀；主持建设浙江省2021年省级一流课程和2022年省级课程思政示范课程2项；主持市厅级、校级教科研项目多项；2021年获浙江省服装服饰创意设计大赛优秀指导教师称号；2024年在校级"百师百课"优质基础课评比中获评优秀；2025年参与申报校级教学成果奖并获特等奖；2025年主讲"服装导论"课程并获得校级教师教学创新大赛二等奖。

王永进

博士，三级教授，硕士生导师，北京服装学院学者，科学技术处处长。研究方向为服装功效及功能装备开发。

毕业于香港理工大学纺织与制衣学系，长期从事服装功效及功能装备设计研发。作为负责人先后完成教育部等各类教学改革项目5项；发表教研论文15篇，获北京服装学院2014年优秀教学成果一等奖，中国纺织工业联合会教学成果一等奖及"纺织之光"奖。组建国内高校第一个高性能运动服装设计研发中心，近年先后负责与参与完成2024巴黎奥运夺金气步枪射击服装备研发、国家队骑行服装备研发，2020东京奥运会中国代表团入场及领奖服研发，2016年巴西里约奥运会火炬传递服装设计，2014年南京青年奥运会以及"高性能排球服动态样板的设计研发"等项目；参与国庆70周年庆典活动服装设计管理工作；发表论文51篇，获各类专利3项。